JN086811

基礎講義 生物学

アクティブラーニングにも対応

井上英史・都筑幹夫 編

東京化学同人

序

　本書は，大学生向けの生物学の教科書である．高校と大学の生物学の橋渡しとなることを想定している．生命科学領域の学生には初年次の教科書として，また，生命科学を専門としない学生にも，生物学の概念を学ぶ書として広く活用していただければ幸いである．

　20 世紀半ばの DNA 二重らせん構造の発見以降，生物学の発展は目覚ましい．生命のしくみの詳細を解き明かす研究はますます活発で，多くの人が面白いと思ったり夢を感じたりするような発見が続々となされている．それらは，疾病の克服に光明を与え，産業にも活かされている．一方，視点は大きく異なるが，生態系も生物学がカバーする領域であり，地球温暖化のような社会問題は生物学の理解なしには解決できない．このように生物学には，ミクロには分子のレベル，細胞のレベルから，マクロには生態系まで，さまざまな視点がある．また，空間的な広がりだけでなく，進化という生物学の必須概念には長大な時間軸が含まれる．さらに，地球上に生息している生物は実に多様であり，動物，植物，微生物など，同じ"生物"という話でくくることをためらうほどである．

　このような膨大な学問領域を一冊の本で網羅することはとうてい不可能だが，"生物とは何か？"という根源的な問いかけに答えるには，生物の共通性を知ることが第一歩となるであろう．すべての生物に共通した性質の第一は，細胞からなることである．まずは，細胞に視点をおいた生物の特徴を 1 章で，生物を構成する分子を 2 章で扱う．第二の共通点として，"生きている状態"とはさまざまな化学反応が一定の秩序をもって進行している状態である（3，4 章）．そして，第三は，複製・増殖することである（5，6 章）．また，第四の共通する性質は，さまざまなしくみで体内の恒常性を維持し，外界の変化に対応していることである（7〜11 章）．詳細には相違があっても，この四つの性質は，生物種を超えて共有されている．さらに，生命が長きに渡って受け継がれるためには，環境の変化に適応して進化し，多様化することが不可欠である（12，13 章）．本書の末尾となる 14 章では，バイオテクノロジーと生命倫理について取上げた．科学技術は諸刃の剣であり，人

間の営みやこの豊かな地球を守っていくためには，生物学の裏付けが欠かせない．

　本書は，さまざまな分野の専門家が分担して執筆した．執筆者のバックグラウンドは理学・医学・薬学にわたり，また，専門とする学問領域も，生態学，植物学，進化生物学，生化学，細胞生物学，免疫学，神経科学などさまざまである．読者には生命科学の大きな広がりを感じていただければと思う．

　なお，学生が予習に用いることを想定して，動画教材も作成した．教科書の内容は動画で自習し，講義ではその章に関連する問題を解く，あるいは討論するなどの反転学習も学生の力を伸ばすのに有効だろう．ある種の動物のウイルスが突然にヒトに感染するようになるのはなぜか（進化）？ 感染症が流行してもやがて鎮静化するのはなぜか（免疫）？ 私たちは生物の一員であるから，生物学の視点で社会を見るための題材は身の回りにいくらでもある．

　最後に，本書は，東京化学同人の井野未央子氏，高橋悠佳氏の多大な支援のもとに完成することができた．この書が，多くの読者のこれからの学びの礎となることを願っている．

　　2020 年 2 月

編集者を代表して

井 上 英 史

編　集　者

井　上　英　史　　東京薬科大学生命科学部 教授，薬学博士
都　筑　幹　夫　　東京薬科大学名誉教授，理学博士

執　筆　者

伊　藤　昭　博　　東京薬科大学生命科学部 教授，博士(薬学)
佐　藤　典　裕　　東京薬科大学生命科学部 准教授，博士(理学)
田　中　正　人　　東京薬科大学生命科学部 教授，博士(医学)
都　筑　幹　夫　　東京薬科大学名誉教授，理学博士
中　村　由　和　　東京理科大学理工学部 准教授，博士(薬学)
野　口　　　航　　東京薬科大学生命科学部 教授，博士(理学)
林　　　嘉　宏　　東京薬科大学生命科学部 講師，博士(医学)
原　田　浩　徳　　東京薬科大学生命科学部 教授，博士(医学)
藤　原　祥　子　　東京薬科大学生命科学部 教授，理学博士
松　下　暢　子　　東京薬科大学生命科学部 准教授，博士(医学)
森　本　高　子　　東京薬科大学生命科学部 准教授，博士(理学)
柳　　　　　茂　　東京薬科大学生命科学部 教授，博士(医学)
横　堀　伸　一　　東京薬科大学生命科学部 講師，博士(理学)

(五十音順)

講義動画ダウンロードの手順・注意事項

［ダウンロードの手順］

1) パソコンで東京化学同人のホームページにアクセスし，書名検索などにより"基礎講義 生物学"の画面を表示させる．

2) 画面最後尾の 講義動画ダウンロード をクリックすると下の画面（Windows での一例）が表示されるので，ユーザー名およびパスワードを入力する．（本書購入者本人以外は使用できません．図書館での利用は館内での閲覧に限ります.）

ユーザー名：**BIOLvideo**
パスワード：**mythfins**

［保存］を選択すると，
ダウンロードが始まる．

ユーザー名・パスワード入力画面の例

※ ファイルは ZIP 形式で圧縮されています．解凍ソフトで解凍のうえ，ご利用ください．

［必要な動作環境］

データのダウンロードおよび再生には，下記の動作環境が必要です．この動作環境を満たしていないパソコンでは正常にダウンロードおよび再生ができない場合がありますので，ご了承ください．

OS：Microsoft Windows 7/8/8.1/10，Mac OS X 10.10/10.11/10.12
（日本語版サービスパックなどは最新版）

推奨ブラウザ：Microsoft Internet Explorer，Safari など

コンテンツ再生：Microsoft Windows Media Player 12，Quick Time Player 7 など

［データ利用上の注意］

・本データのダウンロードおよび再生に起因して使用者に直接または間接的障害が生じても株式会社東京化学同人はいかなる責任も負わず，一切の賠償などは行わないものとします．

・本データの全権利は権利者が保有しています．本データのいかなる部分についても，フォトコピー，データバンクへの取込みを含む一切の電子的，機械的複製および配布，送信を，書面による許可なしに行うことはできません．許可を求める場合は，東京化学同人（東京都文京区千石 3-36-7，info@tkd-pbl.com）にご連絡ください．

目　　　次

1 生物の特徴，多様性と共通性

▶ 行動目標
1. すべての生物に共通する性質を説明できる.
2. 多細胞生物の階層構造を説明できる.
3. 原核細胞と真核細胞について説明できる.
4. 動物細胞と植物細胞の相違点を説明できる.
5. 細胞膜やさまざまな細胞小器官の構造と機能を説明できる.

　自然を深く理解するには，これまでに知っていることを整理し，それをもとにさらに知識を深めていくことが大切である．生物学を学ぶにあたっても，知識を一つ一つ積み重ねてつなぎ合わせ，体系的に学んでいくことが必要である．本章では，生物とは何か，その特徴や共通性について考え，最も基本である細胞の構造とその中に見いだされる細胞小器官について詳しく見ていく.

1・1 生物の特徴，共通性

　"生物"とは何か．犬や猫などのペットも，豚や牛，鳥や魚も生物である．動物園に行けば，ライオンやゾウも，そしてパンダもいる．自然のなかを歩けば（図1・1），アリやハチ，カエルやトカゲなどにも出会う．一方，草が生え，木が茂っ

図1・1　さまざまな生物

ている．林に入れば，キノコも見つけられる．海にも河川にも生物はいる．室内で
も，食べ物を放置していると，カビが生えたり腐ったりする．腐敗は微生物による
ものである．私たちがふだん口にする味噌や醤油，納豆，ヨーグルトなどは，発酵
食品といわれ，微生物による作用でつくられている．私たちヒトも生物である．こ
のようにさまざまな生物は，赤道直下の熱帯雨林から北極や南極の極寒の地まで，
広く分布している．それぞれの生物種は，生息している地域の環境に適応し，他の
生物との関わりのなかで生きている．生物は多様で，その生き方も多様性に富んで
いる．

　では，この実に多様な生物に共通な性質はあるのだろうか．生物は“生きてい
る”ものであるが，そもそも生きているということは，どんなことなのだろうか．
これまでに知っている知識をもとに，生物の特徴を一つひとつ思い起こし，生物に
みられる共通点を見つけることは，これから生物学をより深く学ぶための足固めで
ある．読者の皆さんがこれまで得てきた知識をもとに，生物の共通性を考えてみよ
う．

　身体の内部まで見ていくと，脊椎動物であれば臓器，植物であれば茎や葉の構造
などさまざまな**器官**に，共通して分けることができる．さらに生物体を細かく見て
いくと，いずれも膜（細胞膜）に囲まれた**細胞**という構造体にいきつく．形は少し
異なるが，動物にも植物にも微生物にも細胞が存在する．一つだけの細胞で生きて
いる微生物もあるし，動物や植物の卵や精子*，そして受精卵も細胞である．細胞
はすべての生物に共通する，生物の基本単位といっていいだろう．

　細胞は，多くの場合，**細胞分裂**によって増殖する（第6章）．一つの細胞が二つ
になり，さらに分裂を重ねて数を増していく．細胞から生物個体に視点を戻すと，
動物も植物も子孫をつくる．いずれの場合も，自分と同じ構造をもつ個体をつくる
ということが理解できよう．そのしくみについてはあとの章で述べるとして，ほと
んどの読者は，親の性質が子に遺伝することを知っているはずである．その表現型
をもたらすものが**遺伝子**であり，その本体が**DNA**である（第5章）．すなわち，
すべての生物は，DNAをもっているのである．

　では，子孫を残すためには，何が必要なのだろうか．新たな細胞をつくるために
は，その素材が必要であり，一つ一つの工程を進めるために**エネルギー**も必要であ
る．日々の生活を見てみると，動物は，植物や他の動物を捕食し，消化吸収して排
泄する．栄養物を取込んだ動物は，呼吸して糖などを分解し，**ATP**などのエネル

---

* 卵や精子をまとめて配偶子ともいう．

ギーをつくり，その他の生物体に必要な物質をつくる（第3章）．エネルギーと有
機物の生産方法は，植物の場合は**光合成**で光エネルギーを使って二酸化炭素を有機
物に変換する（第4章）．動物は採餌によってそれを獲得する．生きていくうえで
必要な有機化合物をつくっている点は動物も植物も同じである．そしていずれの場
合も，細胞の中で，取込んださまざまな化合物を分解したり，新たな化合物を合成
したりしている．こうした生体内での化学反応を**代謝**とよぶ（第3, 4章）．

　生物は，さまざまな環境のなかで生きている（第13章）．そのなかで，生物は外
からの刺激を受け，応答して生きている（第10, 11章）．さまざまな環境の変化の
なかで，哺乳動物の身体の中は一定の状態が保たれ，異物の体内への侵入に対して
は**免疫**機能がはたらいて，**恒常性**が保たれている（第7〜9章）．

　生物の共通点をまとめると，① 細胞でできており*，② 代謝を行ってエネルギー
や有機物を得て，③ 自己複製を行って増殖する．④ 外部環境が変化しても，体内
あるいは細胞内は恒常性を維持し，⑤ その環境変化に応答する．また，長い年月
のなかで，⑥ 進化してきた（第12章）のが生物といえるだろう．本書では，この
ような生物の共通点をさらに詳しく見ていくが，まずは細胞について詳しく見てい
こう．

1・2　細 胞 の 構 造
1・2・1　多細胞生物の構造

　前述したように，生物は**細胞**からできている．一つの細胞自体が生物である場合
もあるし，複数の細胞が寄り集まって生物を構成する場合もある．一つの細胞から
なる生物を**単細胞生物**，複数の細胞からなる生物を**多細胞生物**という．単細胞生物
では，一つの細胞の中で生命活動に必要なさまざまな機能を有している．一方，多
細胞生物では複数の細胞が寄り集まって生命活動を行っているが，これらの細胞は
無秩序に集まった塊として存在するわけではない．同じ機能をもつ細胞は，秩序
だって集まり，機能的な**組織**を構成する．動物では，上皮組織，筋組織，結合組
織，神経組織がある．同じように植物では，分裂組織，表皮組織，柵状組織，海綿
状組織，通道組織などがある．これらの組織は組合わさって**器官**を形成する．器官
とは，腸，胃，肺など，ある特定のはたらきをもつ単位である．たとえば胃は，上

---

　* ウイルスは，生物の機能を利用して増殖する点で，生物と密接な関係にある．しかし，細胞構
　　造ではなく粒子構造である．

皮組織，筋組織，結合組織，神経組織のすべての組織が寄り集まって形成され，体外から取入れた食物を消化するというはたらきをもつ器官である．器官が統合されて個体となる．このように，多細胞生物の構造には階層があり，各階層は固有の構造や機能をもち，それらが相互作用して上位の階層構造を形成するという特徴をもつ（図1・2）．

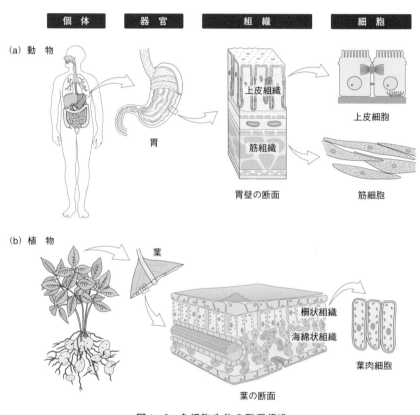

図1・2　多細胞生物の階層構造

1・2・2　真核細胞と原核細胞

　細胞は，大きく**真核細胞**と**原核細胞**の2種類に分けることができる．真核細胞からできている生物を**真核生物**，原核細胞からできている生物を**原核生物**という．原核細胞の構造は（図1・3），真核細胞に比べて単純である（図1・4）．真核細胞と

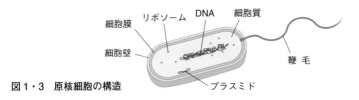

図1・3　原核細胞の構造

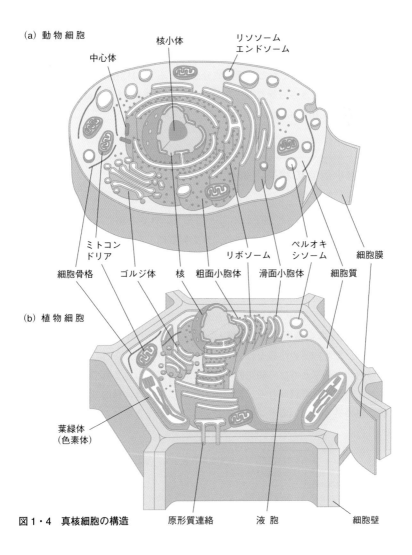

図1・4　真核細胞の構造

原核細胞の最も大きな違いは，核が膜で包まれているかいないかである．真核細胞には通常，核が一つある[*1]．真核細胞には核に加えて**細胞小器官**（オルガネラ）という特有な機能をもつ構造が存在するが，原核細胞には存在しない．すべての真核細胞に共通する細胞小器官には，**核，ミトコンドリア，小胞体，ゴルジ体，リソソーム**などがある．一方，植物細胞に特有な細胞小器官として**葉緑体**がある．また，**液胞**は植物細胞に発達しているが，動物細胞にはほとんど存在しない．細胞小器官の間の特定の構造が見られない部分を，**細胞質**という．真核細胞において，生命の設計図である DNA は核に存在するが，原核細胞の場合，DNA は細胞質に存在する．植物細胞の細胞膜の外側には，**細胞壁**が存在する．細胞壁は原核細胞にも存在するが，植物細胞のそれとは構成成分が異なる（§1·3·8を参照）．真核細胞と原核細胞とでは，大きさも異なる．原核細胞の大きさは $1\sim10\ \mu m$[*2] であるが，真核細胞の大きさは $10\sim100\ \mu m$ で，真核細胞のほうが大きい[*3]．

1·3　細胞小器官の構造と機能

1·3·1　細　胞　膜

　細胞は，**細胞膜**によって囲まれることにより，外界と隔てられている．細胞膜は，おもに**リン脂質**で構成されている．リン脂質は，親水性の頭部と疎水性の尾部からなる（詳細は§2·3·1を参照）．生物を構成する物質の大部分は，水である．ヒトの場合は，水が約70％を占める．細胞膜をはさんだ両側は，水が占めている．そのため，細胞膜を構成するリン脂質は，親水性の頭部を膜の両側に向け，疎水性の尾部を膜の内部で向かい合うように配置した二重の脂質分子の層を形成する（図1·5）．このような構造を**脂質二重層**という．細胞は，外部からくる情報を受取ったり，また，細胞内部の情報を細胞外に発信したりする．これら細胞膜を隔てた細胞内外の情報のやりとりは，細胞膜の脂質二重層に埋め込まれているタンパク質や糖タンパク質を介して行われる．細胞膜の脂質二重層は流動的であり，そこにモザイク状に埋め込まれているタンパク質は動くことができる．これを**流動モザイクモ**

---

*1 核をもたない，あるいは複数もつ真核細胞も存在する．たとえば赤血球には核がない．一方，筋細胞は核を複数もつ多核細胞である．

*2 $1\ \mu m$ は $1/1000\ mm$.

*3 真核細胞の大きさは，細胞の種類によってかなり異なる．ヒキガエルの卵の大きさは $3\ mm$ にもなるし，神経細胞には軸索とよばれる長さ $1\ m$ にも達する突起をもつものもある．一方，赤血球の大きさは約 $7\ \mu m$ である．

デルという．脂質二重層が流動性をもつことにより，そこに存在する膜タンパク質は，細胞膜の必要な場所に移動することができる．このあと述べる細胞小器官も脂質二重層の膜で囲まれている．これらの膜を総称して生体膜という．

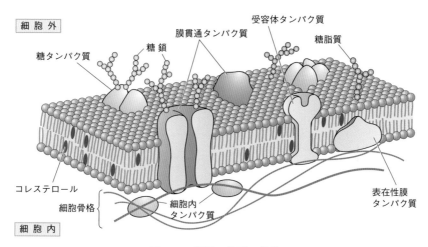

図1・5　脂質二重層の構造

1・3・2　核

　真核生物の細胞内には膜（脂質二重層）に囲まれたさまざまな細胞小器官がある．**核**（図1・6）はその一つであり，**核膜**によって細胞質と隔てられている．核の内部には遺伝情報を担う DNA が保管されているが，DNA は裸のままでいるわけではない．ヒトの全 DNA をまっすぐにつなぐと2mの長さになる．一方，核の直径は 10 μm 程度であるので，DNA は折りたたまないと核の中に収まらない．実際，DNA は，**ヒストン**とよばれるタンパク質に約2回転巻き付いた**ヌクレオソーム**を基本構造として折りたたまれたクロマチン構造をとっている（図5・2参照）．

　a. 核 小 体　　核の内部には，**核小体**（仁）という分子密度の高い構造がある．核小体では，リボソーム RNA の転写が活発に行われている．

　b. 核 膜 と 核 膜 孔　　核に存在する DNA の遺伝情報は，細胞質や**粗面小胞体**上に存在するリボソームにより，タンパク質へと翻訳される．DNA の遺伝情報とリボソームの間を取りもつのがメッセンジャー RNA（**mRNA**，伝令 RNA）であるが，核で合成された mRNA が細胞質へ出ていくためには，核膜を通過しなくてはいけない．また，細胞質に存在する物質も核の中に入る必要がある．核膜には，こ

れら物質を通すために穴が無数に存在する．この穴のことを核膜孔という．核と細胞質間の物質の行き来は，核膜孔を介して行われる．**核膜孔**の穴（チャネル）は，水やイオンなどの分子量が比較的な小さな物質は自由に行き来できるが，mRNA などの分子量の大きな高分子化合物が通過するためには，エネルギーが必要である．

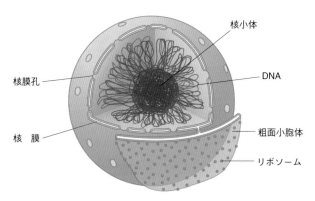

図1・6 核の構造

1・3・3 ミトコンドリア

ミトコンドリアは，2枚の膜（脂質二重層が2枚ある）で細胞質と仕切られている（図1・7）．外側の膜を**外膜**，内側の膜を**内膜**，外膜と内膜の間の空間を**膜間腔**という．また，内膜に囲まれた内側を**マトリックス**という．内膜は，ひだのような突起をマトリックスに突き出しており，これを**クリステ**という．クリステを形成することにより，内膜の面積が大きく広がっている．酸素を用いてグルコースなどの有機物からエネルギー源となるアデノシン三リン酸（**ATP**）を合成することを**呼**

図1・7 ミトコンドリアの構造 ［出典：M. Cain *et al.*, "Discover Biology", 2nd Ed., Sinauer Associates（2002）の図 6.9 を改変］

吸という（詳細は第3章を参照）．ミトコンドリアは呼吸をする場であり，生命活動に必要なエネルギーを供給する"細胞内の発電所"ということができる．ATPを合成する酵素は，内膜とクリステに存在する．

1・3・4　葉　緑　体

　二酸化炭素と水と光を用いて有機物と酸素をつくることを**光合成**というが（第4章を参照），**葉緑体**は，植物細胞などの光合成を行う真核細胞に存在する細胞小器

コラム1　ミトコンドリアと葉緑体の起源

　DNA を貯蔵する細胞小器官は**核**であるが，核以外にも**ミトコンドリアと葉緑体**は独自の DNA をもつ．また，ミトコンドリアや葉緑体にはリボソームも存在し，タンパク質が合成される．さらに，ミトコンドリアと葉緑体は，分裂して増殖することもでき，細胞膜と同様に脂質二重層で囲まれている．これらの特徴は独立した細胞と一致しており，ミトコンドリアと葉緑体は，まるで細胞と同じような性質をもっているかのようである．実際に，真核細胞のミトコンドリアと葉緑体の起源は，それぞれ独立した細胞であり，真核細胞の祖先の細胞に共生した原核細胞であると考えられている．この仮説を**細胞内共生説**といい，米国の生物学者 Lynn Margulis によって 1967 年に提唱された．ミトコンドリアの祖先の細胞は α プロテオバクテリア，葉緑体の祖先の細胞はシアノバクテリアであると考えられている．すなわち，真核細胞の祖先の細胞は，今から約 20 億年前に α プロテオバクテリアを取込むことによりミトコンドリアを獲得し，さらにシアノバクテリアを取込むことにより葉緑体を獲得したと考えられている（図1・A）．

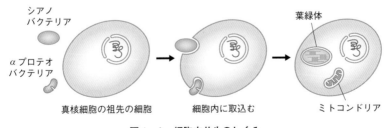

図1・A　細胞内共生のしくみ

　ミトコンドリアも葉緑体も，ともに2枚の膜で囲まれていることや，原核細胞タイプの DNA が存在することなどが，その証拠である．

官である．葉緑体は，"デンプン製造工場"としてはたらくといえる．葉緑体は，外膜と内膜の2枚の膜で囲まれており，内部にチラコイドとよばれる扁平な袋状の膜構造をもつ（図1・8）．また，多数のチラコイドが積み重なった構造があり，これを**グラナ**という．内膜の内側でチラコイド以外の部分を，**ストロマ**という．チラコイドの膜には，クロロフィルなどの光合成色素が含まれており，ここで光合成の光化学反応が起こる．

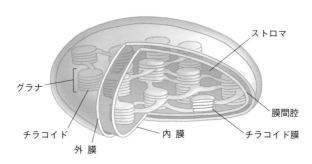

グラナ　チラコイド　外膜　ストロマ　膜間腔　内膜　チラコイド膜

図1・8　葉緑体の構造［出典：M. Cain *et al.*, "Discover Biology", 2nd Ed., Sinauer Associates（2002）の図 6.9 を改変］

1・3・5　小胞体とリボソーム

　小胞体は，核膜と連続してつながった1枚の膜で囲まれた扁平な袋状の構造をしている（図1・9）．小胞体には，リボソームが付着している**粗面小胞体**と，付着していない**滑面小胞体**の2種類がある．
　a. リボソームによるタンパク質合成　　リボソームは微小な粒状の構造で，そ

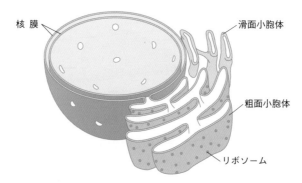

核膜　滑面小胞体　粗面小胞体　リボソーム

図1・9　小胞体の構造　核膜と小胞体膜は連続している．リボソームが付着しているのは粗面小胞体，付着していないのは滑面小胞体である．

の実体はタンパク質（リボソームタンパク質）と RNA（リボソーム RNA）の複合
体である．リボソームは，真核生物の細胞質や粗面小胞体のみでなく原核生物を
含むあらゆる生物に存在し，mRNA の情報をもとにタンパク質を合成（翻訳）す
る．

　　b. 小胞体からのタンパク質の移送　　　小胞体に付着しているリボソームで合成
されたタンパク質は，小胞体内に送られる．小胞体内に送られたタンパク質は，折
りたたまれ正しい立体構造が形成される．小胞体内で正しい立体構造を形成したタ
ンパク質は，ゴルジ体に送られる．このタンパク質の移送は，まず小胞体の一部が
くびれて中にタンパク質を含む小胞を形成し，そして小胞がゴルジ体と融合するこ
とによって行われる．小胞体内で正しい立体構造を形成できなかったタンパク質が
蓄積すると，細胞にとって害となる場合がある．そのような場合，異常な構造をも
つタンパク質を小胞体外に運んで分解するという防御システムがはたらく．この防
御反応のことを小胞体ストレス応答という．

　　小胞体に付着したリボソームでは，細胞膜や細胞外に分泌されるタンパク質が合
成される．一方，小胞体に付着せずに細胞質に存在するリボソームでは，ミトコン
ドリアなどの細胞小器官や細胞質ではたらくタンパク質が合成される．

　　c. 小胞体におけるカルシウムイオンの貯蔵　　　小胞体は，細胞内の主要なカル
シウムイオン貯蔵場所でもある．滑面小胞体の内部にはカルシウムイオンが蓄積し
ており，細胞内のカルシウムイオン濃度の調整や，カルシウムイオンによる細胞内
情報伝達に関わる．

1・3・6　ゴ ル ジ 体

　　ゴルジ体は，1 枚の膜からなり，扁平な袋が重なり合ってできた層状の構造をし
ている（図 1・10）．小胞体から送られてきたタンパク質は，ここで糖鎖の付加な

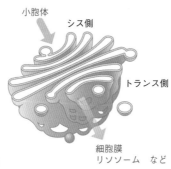

小胞体
シス側
トランス側
細胞膜
リソソーム　など

図 1・10　ゴルジ体の構造

どの修飾を受け，細胞外に分泌される．ゴルジ体は，タンパク質が目的の場所に輸送されるようにする細胞内の"発送センター"の役割をしている細胞小器官であり，特に分泌がさかんな細胞で発達している．ゴルジ体には方向があり，小胞体側をシス，細胞膜側をトランスといい，タンパク質の輸送はシスからトランスの方向に起こる．

1・3・7　リソームと液胞

リソームは，1枚の膜からなり，球形で小さな袋状の形をした構造をしている．リソームは，細胞内消化の場である．リソームの中は酸性で，さまざまな加水分解酵素が含まれており，リソームの中に取込まれたタンパク質などの高分子化合物を分解する．リソームは，細胞内の"ゴミ処理場"として機能する．

植物細胞では，**液胞**が発達している．液胞も1枚の膜からなり，中にさまざまな加水分解酵素が存在し，不要分子の分解にはたらく．

1・3・8　細　胞　壁

植物細胞や原核細胞の多くは，細胞膜の外側に**細胞壁**をもつ（図1・3，図1・4b）．植物の細胞壁は，グルコースからなる**セルロース**を主成分とする．体の構造を維持する役割をもち，リグニンなどを含んで外敵からの防御の役割も果たす．細菌の細胞壁は，アミノ糖（窒素原子を含んだ糖類）とアミノ酸からなる**ペプチドグリカン**（第2章を参照）が主成分である．

1・3・9　細　胞　骨　格

私たちが体型を保ち，自由に運動できるのは骨をもっているからである．同様に，細胞も形を保ち，動くことができるのは骨格をもっているからである．この細胞の骨格のことを**細胞骨格**という．細胞骨格には，アクチンフィラメント，微小管，中間径フィラメントの3種類が存在し，いずれもタンパク質の繊維である（図1・11）．

a. アクチンフィラメント　アクチンフィラメントは，アクチンタンパク質から構成される直径約7nmの繊維状のタンパク質複合体である．アクチンフィラメントは，筋肉の収縮，細胞質分裂，細胞運動，原形質流動に関与する．

b. 微　小　管　微小管は，αチューブリンとβチューブリンの2種類のチューブリンタンパク質から構成される直径約25nmの繊維状のタンパク質複合体である．微小管は，有糸分裂時における染色体の移動や細胞小器官の移動などの細胞内

の物質輸送，繊毛や鞭毛の運動に関与する．

c. 中間径フィラメント　中間径フィラメントの直径は約 10 nm であり，ケラチンフィラメント，ニューロフィラメント，デスミン，ビメンチンなど複数種類存在し，細胞の種類によって存在する中間径フィラメントの種類が決まっている．中間径フィラメントは，細胞に強度を与える役割をもつ．ラミンは，核膜に裏打ちされている中間径フィラメントであり，核の構造を保つはたらきをしている．

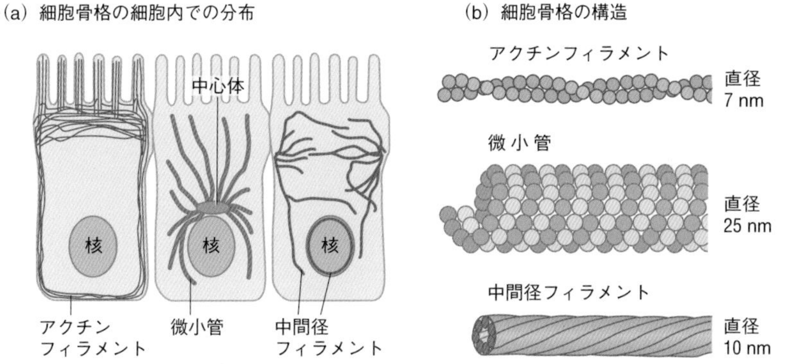

(a) 細胞骨格の細胞内での分布

中心体

核　核　核

アクチン
フィラメント　微小管　中間径
フィラメント

(b) 細胞骨格の構造

アクチンフィラメント
直径
7 nm

微小管
直径
25 nm

中間径フィラメント
直径
10 nm

図1・11 細 胞 骨 格

d. モータータンパク質　モータータンパク質とは，細胞骨格に結合し，繊維沿いに移動するタンパク質の総称である．アクチンフィラメントのモータータンパク質としては**ミオシン**がある．筋肉の収縮は，ミオシンフィラメントがアクチンフィラメント上を滑ることによって起こる．一方，微小管のモータータンパク質としてはダイニンとキネシンの2種類が存在する．微小管は細胞内の物質運搬に関与するが，微小管がレール，**ダイニン**と**キネシン**が微小管のレール上を走るトロッコのような役割をすることによって，トロッコ（モータータンパク質）に積まれた荷

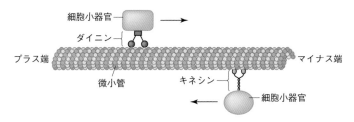

細胞小器官

ダイニン

プラス端　マイナス端

微小管　キネシン

細胞小器官

図1・12 モータータンパク質による細胞小器官の輸送

物である細胞小器官などを運ぶことができる（図1・12）．この二つのモータータンパク質の違いは，物質を運ぶ方向である．細胞の周辺から内側方向（微小管のプラス端からマイナス端）に物質を運ぶときはダイニンが，逆に内側から周辺方向（微小管のマイナス端からプラス端）に運ぶ際はキネシンがはたらく．中間径フィラメントには，モータータンパク質は存在しない．

2 生物を構成する分子

▶ 行動目標
1. 生物を構成する分子について説明できる.
2. 脂質の構造とそのはたらきを説明できる.
3. 多糖の構造とその役割を説明できる.
4. 核酸の構造とその役割を説明できる.
5. タンパク質の構造とそのはたらきを説明できる.

　生物の体は，有機物や無機物などさまざまな化学物質を含み，その一つ一つが生命活動に関わっている．有機物は炭素を主として水素や酸素，窒素などの元素を含む物質で，低分子量の化合物から巨大分子まで多様な化合物が存在する．低分子量の構造単位が重合した，分子量の大きな化合物を**高分子化合物**という．この章では生物特有の高分子化合物に焦点を当てる．これらの物質を理解することは，生物の活動を理解するうえできわめて重要である．

2・1 生命を支える元素

　生物の体の成分を調べてみると，大部分は水である．それは細胞の中が水で満たされていることから想像できる．水以外の成分はタンパク質や核酸などが多いが，無機イオンや有機酸などの比較的分子量の小さな無機物や有機物が含まれている．

　元素組成で見てみると，C, H, O, N, S などの有機物を構成する元素のほか，リン酸基を形成する P や，さらに Na，Ca，Mg，Fe，Zn，あるいは Cl など多くの元素がイオンあるいは高分子化合物に結合するなどして存在し，さまざまな生理機能に関わっている．しかし，生命活動の中心的な役割を担っているのは，高分子化合物である．

2・2 主要な生体分子

　生物を構成する主要な化合物群として，**脂質，多糖，核酸，タンパク質**の四つがあげられる（表2・1）．脂質のなかでもリン脂質は，平面状に集合することによって細胞膜などの膜となり，細胞や細胞小器官を形成する．多糖，核酸，タンパク質は，分子量の小さい有機分子が重合することで形成される高分子化合物群である．

単糖が重合した多糖は，エネルギーの貯蔵などに重要である．ヌクレオチドが重合した核酸は，遺伝情報の担い手である．アミノ酸が重合したタンパク質は，さまざまなはたらきで生命現象に関わる．それぞれについて §2・3〜§2・6 で説明する．

表2・1　代表的な生体分子

生体分子	おもな構成成分	役　　割
脂　質	グリセロール，脂肪酸	生体膜の形成，ステロイドホルモンなどの材料
多　糖	単　糖	エネルギー貯蔵（グリコーゲンなど），植物の細胞壁
核　酸	ヌクレオチド	遺伝情報の担体
タンパク質	アミノ酸	さまざまな生理機能（酵素やチャネル，受容体など）

2・3　脂　　質

　脂質とは，疎水性で水に溶けにくい物質の総称で，生体にはさまざまな種類の脂質が存在する．細胞膜などの生体膜を構成するリン脂質のほか，ステロイドホルモンや脂溶性ビタミンなどは体内の情報伝達や炎症抑制，体液量の調節などさまざまなはたらきをする．一方，脂肪の過剰な蓄積は体重の増加や健康被害の原因ともなる．

2・3・1　リン脂質

　細胞膜の主成分であるリン脂質（図2・1）は，炭素三つからなるグリセロール（図2・2）と，そのうちの一つの炭素のヒドロキシ基（−OH）にリン酸基を含む親水性の頭部と，残り二つの炭素のヒドロキシ基に脂肪酸が結合（エステル結合）した疎水性の尾部をもつ構造をしている．このように親水性の部分と疎水性の部分を両方もつ分子を，両親媒性分子という．水中では，親水性の頭部は水と接する側に向き，疎水性の尾部どうしは向かい合って集合し膜の内側となる．このようにして脂質二重層がつくられ，細胞膜などの膜を形成する（図1・5参照）．

2・3・2　脂　肪　酸

　脂肪酸は，炭素が鎖状につながり，末端にカルボキシ基をもつ化合物である（図2・3）．炭素数や，炭素間の二重結合の数とその位置から名称がつけられている．高等植物や動物で多いのは，炭素数16のパルミチン酸，炭素数18のオレイン酸，

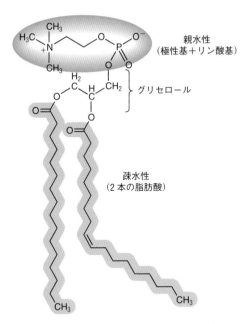

親水性
（極性基＋リン酸基）

グリセロール

疎水性
（2本の脂肪酸）

**図2・1　リン脂質の例: PO ホスファチジル
コリン**　図のリン脂質は脂肪酸（青）にパ
ルミチン酸とオレイン酸をもつ．親水性の
頭部（赤）は極性基とリン酸基からなる．

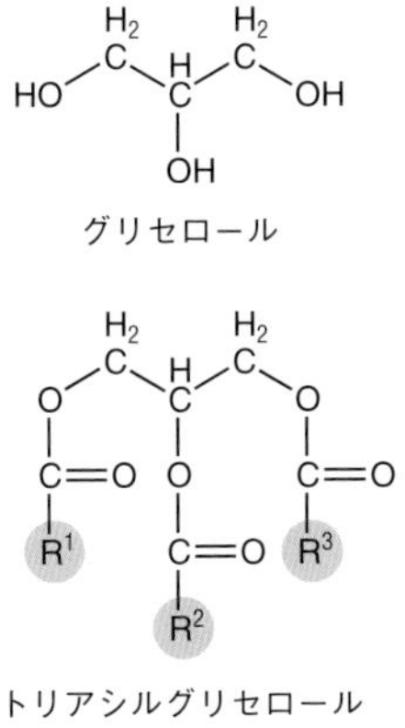

グリセロール

トリアシルグリセロール

**図2・2　グリセロールとトリ
アシルグリセロール**　R に
は脂肪酸の炭化水素鎖が続
く．

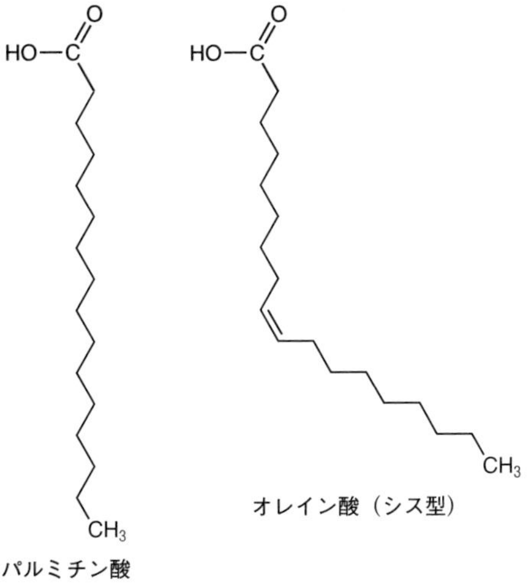

図2・3　飽和脂肪酸と不飽和脂肪酸
　パルミチン酸は炭素数 16 の飽和脂肪
酸．オレイン酸は炭素数 18 で二重結
合を一つもつ不飽和脂肪酸．図のよ
うに，不飽和脂肪酸は折れ曲がるこ
とで密に集まることができず，結果
的に融点が低くなる．

パルミチン酸

オレイン酸（シス型）

リノール酸，ステアリン酸などである．二重結合をもたない脂肪酸を**飽和脂肪酸**，1 個以上ももつものを**不飽和脂肪酸**という．不飽和度が高いほど融点が低く液体になりやすい．グリセロールの三つのヒドロキシ基すべてに脂肪酸が結合したものが**トリアシルグリセロール**（トリグリセリド，図 2・2）で，脂肪や油脂として体内に蓄積される．

2・3・3　ステロイド

ステロイドとは図 2・4 に示すようなステロイド骨格をもつ化合物のことである．生体内では細胞膜などにも存在するが，生理活性物質としてさまざまな生理機能をもっているものもある．動物体内におけるステロイドは，疎水性の四つの環状構造と A 環の 3 位に親水性のヒドロキシ基（またはカルボニル基）をもつ．

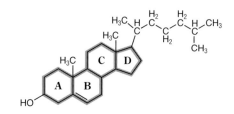

図 2・4　ステロイドの例: コレステロール　赤で示した部分がステロイド骨格．四つの環はそれぞれ A 環，B 環，C 環，D 環とよばれる．

細胞膜の構成成分として重要な**コレステロール**は，細胞外からの取込みや細胞内の生合成によって得ることができる．ステロイドホルモン（副腎皮質ホルモンや性ホルモンなど，第 8 章を参照）は，コレステロールを原料として合成され，脂質やタンパク質などの代謝調節や炎症反応に関わるなどのさまざまな生理活性をもつ．

2・4　多　糖
2・4・1　糖 の 構 造

a. 単　糖　単糖は，炭素原子 3〜7 個程度からなる炭水化物で，ホルミル基（−CHO）（アルデヒド）あるいはケト基（−C＝O）（ケトン）を分子内に一つもつ．これらの基が分子内で他の炭素のヒドロキシ基と縮合すると環状構造となる（図 2・5）．このとき，もともとアルデヒドまたはケトンであった酸素はヒドロキシ基（−OH）となる．単糖の例としては，五炭糖（ペントース）の**リボース**，六

炭糖（ヘキソース）の**グルコース**（ブドウ糖）や**フルクトース**（果糖）などがある．

b. 二糖，オリゴ糖　　単糖が環化した際に生じたヒドロキシ基が他の糖のヒドロキシ基と脱水縮合してできる結合を**グリコシド結合**といい，二糖などの複数の糖を含む化合物ができる（図2・6）．二糖の例としては，**スクロース**（ショ糖）や**マルトース**（麦芽糖）がある．また，10〜15 個の単糖を含む重合体は，特に**オリゴ糖**とよばれ，タンパク質や脂質と共有結合して糖タンパク質や糖脂質を形成するものもある．

c. 多　　糖　　多数の単糖がグリコシド結合により重合したものが多糖である．単糖の分子内には複数のヒドロキシ基があるため，多糖は直鎖状だけでなく枝分かれした構造もとることができる．

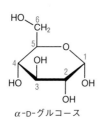

α-D-グルコース

図2・5　単　糖　糖のそれぞれの炭素には図のように番号が割り当てられており，1位の炭素などと表現する．

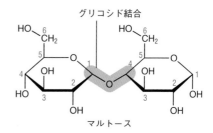

グリコシド結合

マルトース

図2・6　グリコシド結合により結合した二糖　グリコシド結合は赤の網かけで示した部分．

2・4・2　多糖の分類

a. ホモグリカン　　1種類の単糖からなる多糖を**ホモグリカン**といい，**デンプン，グリコーゲン，セルロース，キチン**などがある．デンプンとグリコーゲンは，いずれもグルコースからなり，それぞれ植物と動物で合成されるエネルギー貯蔵物質である．セルロースは植物の細胞壁の，キチンは節足動物の外骨格や菌類の細胞壁の主要な構成成分となっている．セルロースもグルコースからなるが，デンプンやグリコーゲンとはグリコシド結合の立体構造が異なる．

b. ヘテログリカン　　2種類以上の単糖を含む重合体を**ヘテログリカン**という．代表例は**グリコサミノグリカン**であり，二糖の繰返し単位をもつ直鎖状の多糖である．

c. プロテオグリカン　　タンパク質の結合した多糖類を**プロテオグリカン**と

いい，細胞膜上や細胞外マトリックスに分布し，増殖因子に結合してシグナル伝達に作用したり，細胞外マトリックスを組織化して細胞接着の足場を形成したりしている.

2・5 核　　酸

2・5・1　核酸の構成単位: ヌクレオチド

　核酸は，**ヌクレオチド**が多数つながった重合体である．ヌクレオチドは，**五炭糖**と**リン酸**，そして**塩基**からなる（図2・7）．ヌクレオチドの糖の炭素とリン酸が**ホスホジエステル結合**で鎖状につながり，核酸の骨格が形成される．ヌクレオチドのリン酸部位を含まない構造を**ヌクレオシド**とよぶ.

　ヌクレオチドは，五炭糖と塩基の組合わせによって8種類存在する．五炭糖の部分には2種類あり，

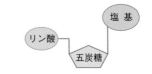

図2・7　ヌクレオチドの構造

(a) プリン塩基をもつリボヌクレオチド

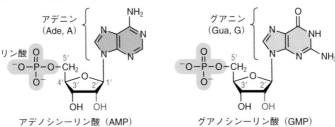

アデノシンーリン酸（AMP）　　　　グアノシンーリン酸（GMP）

(b) ピリミジン塩基をもつリボヌクレオチド

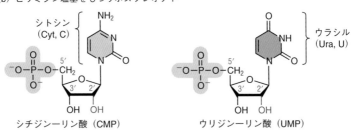

シチジンーリン酸（CMP）　　　　ウリジンーリン酸（UMP）

図2・8　リボヌクレオチドの構造　RNA の構成成分であるリボヌクレオチドは塩基の違いによって4種類ある．ヌクレオチド中の糖は，糖のみ（図2・5）のときと異なり，1′〜5′とダッシュをつけて炭素の位置を示す．リン酸基が3個ついたアデノシンはアデノシン三リン酸（ATP，第3章を参照）である.

リボースであるものを**リボヌクレオチド**（図2・8），デオキシリボースであるもの
を**デオキシリボヌクレオチド**（図2・9）という．前者は**リボ核酸**（**RNA**:
ribonucleic acid），後者は**デオキシリボ核酸**（**DNA**: deoxyribonucleic acid）の構成
成分である．塩基には，2種類の**プリン塩基**（**アデニン**，**グアニン**）と3種類の**ピ
リミジン塩基**（**シトシン**，**ウラシル**，**チミン**）がある．アデニン，グアニン，シト
シンは RNA と DNA の両方にあるが，ウラシルは RNA に，チミンは DNA にある．

（a）プリン塩基をもつデオキシリボヌクレオチド

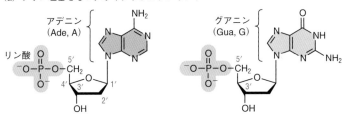

デオキシアデノシンーリン酸（dAMP）　　　　デオキシグアノシンーリン酸（dGMP）

（b）ピリミジン塩基をもつデオキシリボヌクレオチド

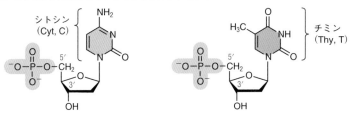

デオキシシチジンーリン酸（dCMP）　　　　デオキシチミジンーリン酸（dTMP）

図2・9　デオキシリボヌクレオチドの構造　DNA の構成成分であるデオキシリボヌクレ
オチドは塩基の違いによって4種類ある．デオキシリボヌクレオチドのもつ五炭糖は
デオキシリボースであり，リボヌクレオチド（図2・8）のもつリボースとの違いは，
$2'$ 位のヒドロキシ基がないことである．

2・5・2　核酸の種類: DNA と RNA

　核酸には，**RNA** と **DNA** の2種類がある．RNA には，遺伝情報の一時的な伝達
を担う**メッセンジャー RNA**（**mRNA**: messenger RNA，伝令 RNA）のほかに，
mRNA の遺伝情報に対応するアミノ酸を運ぶ**トランスファー RNA**（**tRNA**:
transfer RNA，転移 RNA），リボソームを構成する**リボソーム RNA**（**rRNA**:
ribosomal RNA）がある．

　DNAは，ふつう二重らせん構造をとっており，逆向きに並んだ2本のポリヌクレオチド鎖が塩基間の水素結合で対合している．水素結合により結合した塩基どうしを**塩基対**といい，基本的にグアニンはシトシンと，アデニンはチミンとだけ塩基対を形成する（図2・10）．このような塩基どうしの関係を**相補的**という．この相補的関係により，一方のポリヌクレオチド鎖の塩基配列が決まると，もう一方の鎖

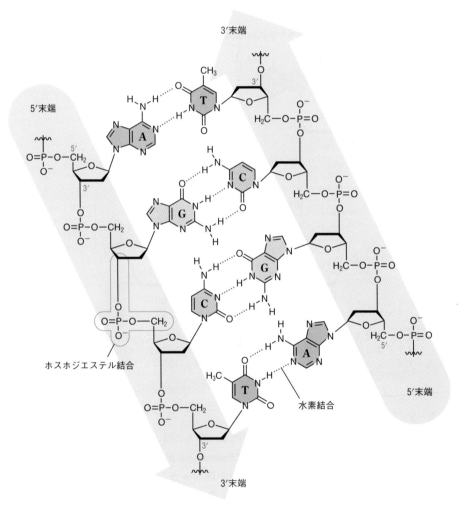

図2・10　二本鎖DNAの構造　DNAは逆平行に二本鎖構造をとる．

の配列も決まる．すなわち，一方の鎖の配列を鋳型としてもう一方の鎖を合成する
ことが可能である（詳細は第5章を参照）．このことが，遺伝情報の保存や子孫へ
の伝達に二本鎖 DNA が適している要因となっている．

2・6　タンパク質

2・6・1　タンパク質の構成単位: アミノ酸

　タンパク質の基本構造は，化学的性質の異なる 20 種類の**アミノ酸**が**ペプチド結
合**により枝分かれなく結合した**ポリペプチド鎖**である．このポリペプチド鎖が 1 本
あるいは複数本合わさり，特定の構造をとって機能する．

　a. 標準アミノ酸の構造とペプチド結合　　タンパク質は通常 20 種類の α-アミ
ノ酸により構成されており，それらを**標準アミノ酸**とよぶ．標準アミノ酸は，炭素
原子に**アミノ基**（$-NH_2$），**カルボキシ基**（$-COOH$），水素原子および各アミノ酸
固有の R 基（**側鎖**）が結合した構造をしている（図2・11）．

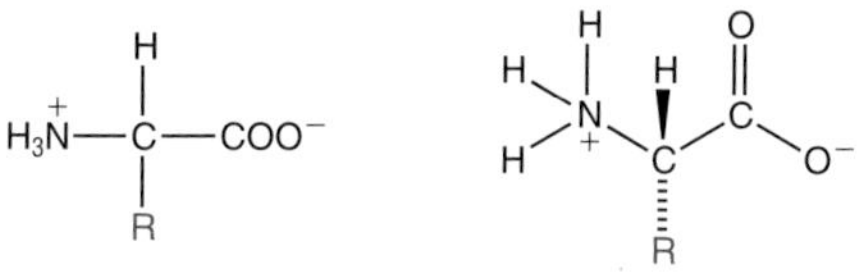

図2・11　アミノ酸の一般構造

　生理的 pH（pH 7）においてアミノ酸はイオン化し，アミノ基は共役酸
（$-NH_3^+$），カルボキシ基は共役塩基（$-COO^-$）として存在する．標準アミノ酸
には，グリシンを除き，**L 体**と **D 体**の二つの立体異性体が存在しうるが，タンパク
質は L 体のみで構成されている．アミノ基とカルボキシ基が脱水縮合して形成され
た結合を**アミド結合**（$-CO-NH-$）というが，特にアミノ酸どうしのアミド結合
のことを**ペプチド結合**という．このペプチド結合によってアミノ酸は重合し，反復
構造（$-N-C-C-$）をもったポリペプチド主鎖を形成する（図2・12）．アミノ
酸の構造から，必ずポリペプチド鎖の一端はアミノ基，もう一端はカルボキシ基が
残るので，これらを**アミノ末端**（**N 末端**）および**カルボキシ末端**（**C 末端**）とよ
び，アミノ酸の配列は N 末端から順に書くことが慣例である．

　b. 標準アミノ酸の側鎖による分類　　タンパク質を構成する標準アミノ酸は 20

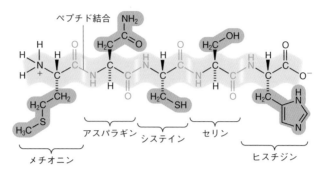

図2・12　ポリペプチド鎖　各アミノ酸の側鎖は赤の網かけで示した．ポリ
ペプチド主鎖（青の網かけ）には反復構造（－N－C－C－）がみられる．

種類存在し，側鎖の性質により，非極性と極性に分けられ，さらに極性アミノ酸
は，中性，酸性，塩基性に分類される（図2・13）.

① **非極性アミノ酸**は，グリシンを除いて極性のない炭化水素基を側鎖にもって
いる．それらの側鎖は疎水性を示すため，折りたたまれて立体構造を形成した
タンパク質の内側に集まる傾向がある．水素原子を側鎖にもつグリシンはわず
かに親水性であり，その側鎖の小ささも相まって，タンパク質の構造に柔軟性
を与えている．

② **中性の極性アミノ酸**は，**ヒドロキシ基，アミド基，スルファニル基**（－SH）
のいずれかを側鎖に含むため，水素結合により水分子と容易に相互作用する．
このような性質から，折りたたまれたタンパク質の外表面に位置することが多
い．また，内側に位置した場合には，他の極性アミノ酸やポリペプチド主鎖と
水素結合を形成する．二つのシステイン分子のスルファニル基が酸化される
と，ジスルフィド結合（－S－S－）がつくられる．1本のポリペプチド鎖内や
2本のポリペプチド鎖間で形成されたジスルフィド結合は，**ジスルフィド架橋**
とよばれる．この架橋はタンパク質の構造維持に重要である．

③ **酸性アミノ酸**は，**アスパラギン酸とグルタミン酸**の二つで，カルボキシ基を
側鎖にもっている．カルボキシ基は，生理的pH（pH 7）において負に帯電す
る．

④ **塩基性アミノ酸**は，**リシン，アルギニン，ヒスチジン**の三つで，それぞれの
側鎖は水分子からプロトンを受取ると共役酸となる．このことにより，生理的
pHにおいて正に帯電し，酸性アミノ酸とイオン結合を形成できる．

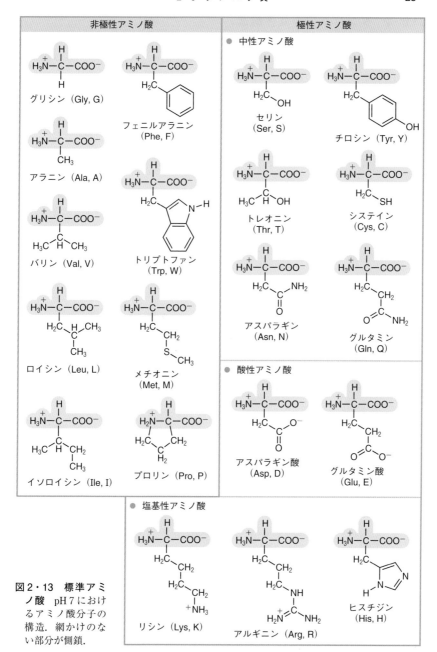

図2・13　標準アミノ酸　pH 7におけるアミノ酸分子の構造. 網かけのない部分が側鎖.

2・6・2　タンパク質の立体構造

　タンパク質の合成は，まず DNA の塩基配列として記録されたアミノ酸配列の情報に基づいてポリペプチド鎖がつくられることから始まる．そして，アミノ酸どうしの相互作用により，ポリペプチド鎖が立体構造を形成する．さらにそれが複数個寄り集まることで機能するタンパク質も多い．タンパク質の立体構造は，次に説明する一次構造〜四次構造の四段階からなる構造であり，アミノ酸の性質とその配列により規定される．

　a. 一 次 構 造　　一次構造とは，遺伝情報によって規定されるアミノ酸配列である．

　b. 二 次 構 造　　二次構造とは，ポリペプチド主鎖の折りたたみ構造である．多くのタンパク質に共通してみられる二次構造として，水素結合により形成されるポリペプチド鎖中の部分的な繰返し構造がある．代表的なものが，**αヘリックス構造**や**βシート構造**である（図2・14）．

(a) αヘリックス　　　　　　　　　　　(b) 逆平行βシート

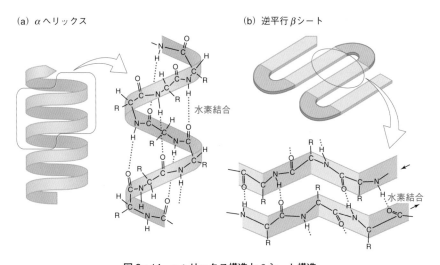

水素結合

図2・14　αヘリックス構造とβシート構造

　αヘリックス構造は，右巻きのらせん状の円筒構造である．この構造は，あるアミノ酸残基のカルボニル基の酸素原子と，そこから4残基 C 末端側にあるアミノ酸残基のアミノ基の水素原子とが水素結合をつくることで形成される（図2・14 a）．このとき，側鎖はらせん状構造の外側に突き出している．輸送体や受容体のような脂質二重層を貫通して存在するタンパク質は，貫通する部分に非極性アミ

ノ酸をもち，その側鎖を外側に向けるようにαヘリックス構造をとる．そうすることで脂質の疎水性環境で貫通して存在できる．

　βシート構造は，ポリペプチド主鎖が折りたたみによって並列した領域で，鎖間に水素結合が形成されて生じるひだ状の平面構造である（図2・14 b）．特に，並列したポリペプチド鎖が同じ方向であるときは**平行βシート**といい，逆方向であるときは**逆平行βシート**という．βシート構造がポリペプチド鎖間で積み重なると異常な構造安定化をもたらすことがあり，アルツハイマー病やプリオン病などの神経変性疾患に関与するアミロイド原繊維[*]を形成することもある．

　c. 三次構造　　三次構造とは，側鎖の空間配置も含めたポリペプチド全体の立体構造のことであり，複数の二次構造（αヘリックス構造，βシート構造など）やアミノ酸間の相互作用による折りたたみ構造からなる．三次構造を安定化させる相互作用としては，非極性アミノ酸どうしの疎水性相互作用が最も重要であり，さらに水素結合や反対の電荷をもつアミノ酸どうしの静電的相互作用，システイン分子間で形成されるジスルフィド架橋があげられる．大型の球状タンパク質には，複数の二次構造により形成された**ドメイン**とよばれる構造部分が存在し，特定の機能（触媒活性や，DNAなど特定の分子との結合）を担っていることが多い．

　d. 四次構造　　四次構造とは，数本のポリペプチド鎖の組合わせで構成される立体構造である．構成成分である各ポリペプチド鎖は，**サブユニット**とよばれる．たとえば，抗体（免疫グロブリンG）は，四つのサブユニット（重鎖と軽鎖が各2本ずつ）がジスルフィド架橋することで構成されている（図2・15）．

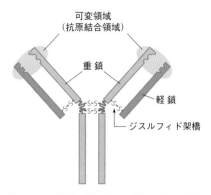

図2・15　抗体（免疫グロブリンG）の構造

---

[*] 線維と表記することもある．

2・6・3　タンパク質の多様性

　各タンパク質の固有の立体構造と性質は，含まれるアミノ酸の化学的性質とその数および配列によって決まる．標準アミノ酸は 20 種類あるため，たとえば 10 個のアミノ酸からなるポリペプチド鎖のとりうるアミノ酸配列の組合わせは，20^{10}（約 10^{13}）個になる．このように異なる配列をもつポリペプチド鎖は理論上膨大な数になるが，それに比べれば，生体内に実際に存在するポリペプチド鎖の種類はわずかである．これは機能的で安定的な立体構造をとるポリペプチド鎖（タンパク質）のみが，進化の過程で自然選択されてきたからである．

2・6・4　タンパク質の機能

　タンパク質は，ここまで学んだように固有の立体構造をとり，その構造により性質が決まる．タンパク質は，細胞内外のあらゆる場所に存在し，細胞活動のほとんどは，多種多様なタンパク質によってとり行われている．タンパク質を機能により分類すると，下の a〜h に大別される．そのほかに，ある種の生物がもつ毒素，蛍光タンパク質など，独特なはたらきをするタンパク質もある．

　a. 酵　素　　細胞の内部で起こる無数の化学反応のほぼすべてに，タンパク質が触媒として関わっている．酵素は，共有結合の形成や切断を触媒し，細胞内の化学反応を促進する（詳細は第 3 章を参照）．

　b. チャネル，輸送体　　細胞や細胞小器官は，脂質二重層の膜で包まれており，その内部と外部は区切られている．脂質二重層は疎水的であるため，イオンや親水性分子（アミノ酸や糖）をほとんど通さない．しかし，細胞や細胞小器官は，活動のために，それらのイオンや分子を膜を通して内部に取込む必要がある．そこで，脂質膜には**膜輸送タンパク質**が配置されている．膜輸送タンパク質は，**チャネ**

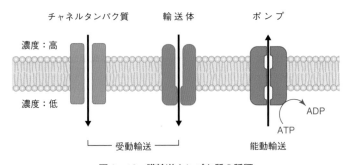

図 2・16　膜輸送タンパク質の種類

ルタンパク質，**輸送体**，**ポンプ**の3種類に分けられる（図2・16）．

　チャネルタンパク質は，脂質二重層を貫通する孔を形成し，この孔の開閉によって物質の透過を行う．チャネルタンパク質はおもにイオンを濃度勾配に従って輸送（**受動輸送**）し，輸送するイオンはチャネルタンパク質ごとに異なる．

　輸送体とポンプは特定の物質との結合部位をもち，結合したものだけを，タンパク質の立体構造が変化することにより輸送する．輸送体は濃度勾配による受動輸送を行うが，ある物質の濃度勾配のエネルギーを利用して同時に別の物質を濃度勾配に逆らって輸送する場合もある．ポンプはATPの加水分解エネルギーを利用して濃度勾配に逆らった輸送（**能動輸送**）を行い，膜を挟んだ濃度勾配をつくることもできる．

　c. 運搬タンパク質　　ある物質と結合して輸送や貯蔵を行うタンパク質がある．**ヘモグロビン**は血液中の赤血球に存在し，体内の各所への酸素輸送の役割を担っている（第7章を参照）．

　d. 受 容 体　　細胞どうしは，情報交換のため，たがいにホルモンなどのシグナル分子を出したり受け取ったりしている．このシグナル分子が受容体タンパク質に特異的に結合することにより，情報が伝えられる（第8章を参照）．このようなシグナル伝達は，細胞分裂や神経伝達，さらには細胞死や免疫応答など，さまざまな現象でみられる．

　e. ホ ル モ ン　　タンパク質にはインスリンのようにホルモンとして機能するものもあり，水溶性ホルモンに分類される（第8章を参照）．水溶性ホルモンは細胞膜の受容体に結合することで，細胞内にシグナルが伝達される．細胞内のシグナル伝達は，セカンドメッセンジャーとよばれる分子を介して行われる．セカンドメッセンジャーは，酵素カスケードとよばれる一連の反応経路を活性化することでシグナルを増幅し拡散させる．なお，ホルモンには脂溶性のホルモンも存在する（§2・3・3を参照）．

　f. 免疫機構ではたらくタンパク質　　生体には，自己と非自己を見分け，害をなす非自己成分を排除する免疫機構が存在する（第9章を参照）．非自己を認識する分子である**抗体**は，**免疫グロブリン**というタンパク質からなり，非自己の標的分子（**抗原**という）に特異的に結合する．結合した抗体は，抗原を不活性化したり分解を促進したりする．一般的な抗体は，同一の重鎖二つと同一の軽鎖二つが組合わさった構造をしている（図2・15）．抗原結合部位は，重鎖と軽鎖それぞれの可変領域で構成される．この可変領域のアミノ酸配列は抗体ごとに大きく異なり，多種多様な抗原に対応できる抗体がつくられる．

g. 細胞骨格，細胞外で組織の構造維持にはたらくタンパク質　　細胞形態および移動や分裂といった細胞運動は，**細胞骨格**とよばれる繊維状タンパク質によって支えられている．細胞骨格は，細胞の形態や運動だけでなく，細胞内のタンパク質の運搬や細胞小器官の移動にも関与しており，**アクチンフィラメント，微小管，中間径フィラメント**がある（第1章を参照）．また，皮膚や骨などの**コラーゲン**のように，細胞外で構造を形成するタンパク質もある．

h. 筋　肉　　私たちは，歩いたり腕を上げたりとさまざまな運動を日々している．このような運動は，筋肉の収縮と弛緩によって行われている．筋肉には，**骨格筋，心筋，平滑筋**がある．筋繊維の収縮と弛緩のメカニズムは，アクチンフィラメントとミオシンフィラメントという繊維状タンパク質の相互作用で行われている．骨格筋細胞は，筋芽細胞が融合してできた多核細胞であり，その細胞質は筋原繊維が詰まっている．筋原繊維は，サルコメアとよばれる収縮単位が多数つながっている．

3 代謝とエネルギー（異化）

▶ 行動目標
1. 同化と異化，独立栄養と従属栄養について説明できる.
2. エネルギー代謝について説明できる.
3. 代謝における酵素のはたらきを説明できる.
4. 呼吸における三つの過程を説明できる.
5. 発酵について説明できる.

生物が生き，増えていくためには，生命活動に必要なエネルギーや高分子物質をつくり出す必要がある．そのために，生体内でさまざまな化学反応が行われる．生体内の一連の化学反応のことを**代謝**という．第1章で述べたように，代謝は生物がもつ共通な特徴の一つである．本章では，代謝の概要と，代謝反応を進めるのに必要な**酵素**について，また，エネルギー（ATP）を獲得するための代謝である**異化**（呼吸）について詳しく述べる．

3・1 代謝の概要

代謝とは，細胞内で起こっている生化学反応の総称である．生物の体内では，取込んだ分子を変換して生命活動に必要な物質やエネルギーをつくり出したり，不要なものを分解したりしている．たとえば，私たちは肉や魚を食べることによりタンパク質を体内に取入れ，一度アミノ酸にまで分解してから，それを材料として体を構成するためのタンパク質をつくる．このタンパク質をつくる過程にはエネルギーが必要であり，そのエネルギーもまた摂取した食物から取出したものである．一方，植物は，水と空気中の二酸化炭素，そして太陽光のエネルギーを利用して糖をつくり出す．こういった反応すべてが代謝である．

ここではまず代謝を物質的側面とエネルギー的側面から見てみよう（§3・1・1，§3・1・2）．また，生物は，必要とする物質やエネルギーを他の生物に依存するかどうかで独立栄養生物と従属栄養生物に分けられる．これについては§3・1・3で見てみよう．

3・1・1 物質代謝とエネルギー代謝

代謝のうち物質的側面，すなわち化学物質の構造的な変換に着目するとき，これを総称して**物質代謝**という．前述したように，生物は取込んだ物質を体内で他の物

質に変換して利用したり，不要な物質を分解したりする．これに対してエネルギー
的側面，すなわち生命現象に伴うエネルギーの出入りや変換などの流れに着目する
とき，これを**エネルギー代謝**という．エネルギー代謝は，光のエネルギーを化学的
なエネルギーに変換して体内に蓄えたり，蓄えたエネルギーを利用して生命活動を
駆動する過程である．したがって，エネルギー代謝は物質代謝とともに起こる．エ
ネルギー代謝には，エネルギー獲得系の反応とエネルギー利用系の反応がある．エ
ネルギー獲得系としては，太陽からの光エネルギーや，糖などの高分子化合物に含
まれる化学エネルギーを，ATP（アデノシン三リン酸，§3・3 を参照）などのエネ
ルギーが取出しやすいかたちの化学エネルギーに変換する反応があげられる．エネ
ルギー利用系としては，ATP などの化学エネルギーから運動や細胞分裂に必要な
機械的エネルギーや生物発光などの光エネルギーに変換する反応があげられる．ま
た，生物はつねにタンパク質や RNA などの高分子化合物をつくっているが，生体
高分子の合成にもエネルギーが必要で ATP が利用される．

3・1・2 同化と異化

代謝は，**同化**と**異化**に分けることができる（図 3・1 a）．

a. 同 化　　同化では，ATP などのエネルギーを利用して簡単な物質から複雑
な物質が合成される．代表的な同化としては，**光合成**がある（第 4 章を参照）．光
合成では，光エネルギーを使って ATP を合成し，二酸化炭素と水という簡単な無
機化合物からデンプンなどの複雑な有機化合物をつくり出す．さらにそうしてつく
られた有機化合物を他の生物から摂取して，生体高分子の合成をする過程も同化と
いう．

b. 異 化　　異化は，複雑な有機化合物を単純な有機化合物や無機化合物に分
解して ATP などのかたちでエネルギーを取出す過程である．代表的な異化として，
呼吸，解糖，発酵がある．呼吸では，糖などの有機物を分解し，エネルギーを得
る．たとえば，エネルギーを ADP を ATP に変換するかたちで蓄える．発酵や解糖
では，酸素を使わずに糖を分解して ATP を得るが，好気呼吸では，解糖の産物な
どをさらに酸素分子 O_2 を利用して分解し，ATP を合成する（詳細は §3・4, §3・
5 を参照）．

3・1・3 エネルギーの獲得形式から見た地球上の生物

ここまで述べてきたように，植物は水や二酸化炭素といった無機物を取込み，同
化により糖などの有機物をつくる．それに対して私たち動物は，無機物から有機物

をつくり出すことはできず，他の生物によってつくられた有機物を同化して必要な有機物をつくり出している（図3・1b）．生物は，このような栄養要求の違いから**独立栄養生物**と**従属栄養生物**の二つに分類することができる.

a. 独立栄養生物　　独立栄養とは，二酸化炭素などの無機化合物を炭素源として，有機化合物やエネルギーを自力でつくり出す栄養摂取法のことで，この方法で生きることのできる生物を独立栄養生物という．独立栄養生物には，光合成を行うことのできる植物や光合成細菌，無機物の酸化によってエネルギーを得ることの

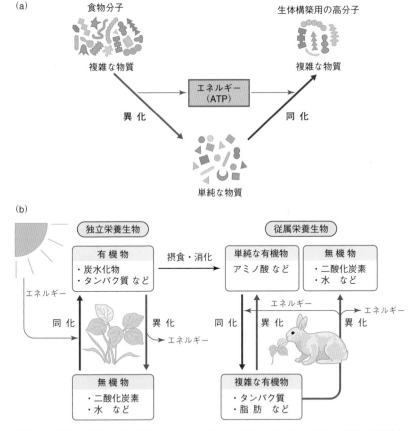

図3・1　同化と異化　（a）同化は，エネルギーを利用して単純な物質から複雑な物質を合成する過程である．異化は，複雑な有機物を単純な物質に分解してエネルギーを取出す過程である．（b）すべての生物は同化と異化の両方を行う．代表的な同化反応には植物などが行う光合成があり，代表的な異化反応には動植物が行う呼吸などがある.

できる化学合成細菌がある．独立栄養生物は食物連鎖における生産者にあたる．

b. 従属栄養生物　　従属栄養とは，生きるために必要な有機化合物やエネルギーを，有機化合物を外部から取入れてつくり出す栄養摂取法のことで，この方法で生育している生物を従属栄養生物という．動物，真菌，多くの細菌は従属栄養生物であり，食物連鎖においては分解者あるいは消費者にあたる．

c. 独立栄養生物と従属栄養生物間での物質循環　　独立栄養生物である植物（**生産者**）は，無機物（二酸化炭素と水）と太陽の光から高分子有機物（糖質）や呼吸に必要な酸素をつくる（図3・2）．従属栄養生物である動物（**消費者**）や微生物（**分解者**）は，植物がつくった高分子有機物や酸素を摂取し，無機物に分解する過程で，生きるために必要なエネルギーを得る．従属栄養生物によって生成された無機物は，植物などの独立栄養生物によって利用される．このように生物間で物質を循環し，補い合っており，地球上のほとんどの生物は，直接あるいは間接的に太陽の光エネルギーから生きるためのエネルギーを得ているのである．

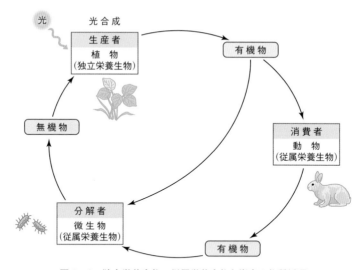

図3・2　独立栄養生物・従属栄養生物と炭素の物質循環

3・2　代謝の担い手: 酵素

　私たちは肉や魚を食べて生体に必要な筋肉や血をつくるわけだが，食品から摂取したタンパク質をそのまま使用して筋肉や血をつくることはできない．食物として

摂取したタンパク質のペプチド結合を切断し，アミノ酸にまで分解する必要がある．それでは，生体内ではどのようにしてペプチド結合を切断しているのだろうか．実験的に行う場合は強酸あるいは強アルカリの条件下で高温加熱するが，生体内ではこのような条件で反応を行うことはできない．生体内では，酵素を用いることによって，体温といった穏やかな温度や中性 pH（ただし，胃では pH 1 くらい）において効率よく行っている．

3・2・1　酵素の役割と機能

　酵素とは，生体内の化学反応，すなわち代謝反応を触媒するタンパク質のことである．**触媒**とは，特定の化学反応の反応速度を飛躍的に速め，自身は反応前後で変化しない物質のことをいう．触媒には，非タンパク質性の無機触媒など酵素以外にもさまざまなものがある．酵素も含めて触媒は，化学反応の**活性化エネルギー**を小さくすることでその化学反応を促進する（図3・3）．活性化エネルギーとは，化学反応において反応物が遷移状態に励起するために必要なエネルギーのことである．物質が化学反応により別の物質に変わる場合，一過的に“反応しやすい状態”になる必要がある．この“反応しやすい状態”とは，反応の過程で最もエネルギーの高い状態のことで，これを**遷移状態**という．遷移状態と反応物のエネルギー差が，活性化エネルギーである．

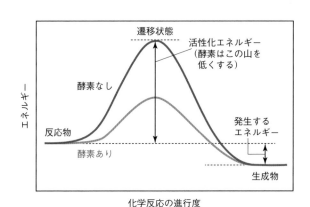

図3・3　酵素と活性化エネルギー

　酵素が作用する相手（反応物）のことを**基質**という．基質が酵素の活性部位と結合することにより**酵素-基質複合体**が形成される．その後，基質は**生成物**に変換さ

れ，酵素から離れる．酵素自体は反応の前後で変化しないので，再び次の基質に作用することができる（図3・4）．

3・2・2 酵素の性質

酵素には，次のような特徴がある．

❶ 酵素によって触媒する相手が決まっている．

酵素が特定の基質にのみ作用することを，**基質特異性**という．酵素と基質の関係は，鍵と鍵穴の関係によくたとえられる．鍵が特定のドアの鍵穴にのみ適合して施錠や解錠することができるように，酵素も特定の基質にのみに結合して作用する．鍵がなぜ特定の鍵穴にのみ適合するかというと，鍵と鍵穴の形が相補的に合致するからである．同様に，酵素の基質特異性には形，すなわち酵素の活性部位の立体構造が重要である（図3・4）．また，基質の電荷の分布が酵素の電荷分布と相補的であることも重要である．

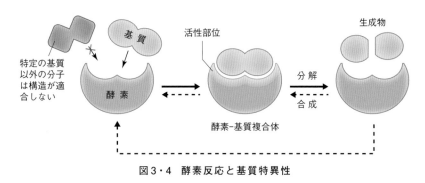

図3・4　酵素反応と基質特異性

❷ 最適な温度と pH がある．

一般的に，化学反応は温度が高くなればなるほど速く進む．しかし，酵素は，ある温度以上になると，まったくはたらかなくなる．これは，酵素がタンパク質からできているからであり，ある温度以上では立体構造が変化して変性することにより基質と結合できなくなる．したがって，酵素の活性が最大になる温度があり，この温度のことを**最適温度**（至適温度）という（図3・5a）．生体では，体温でも高い活性をもつ酵素が存在することにより，温和な条件で化学反応が進行することができる．また，酵素のはたらきが最大となる pH があり，これを**最適 pH**（至適 pH）という（図3・5b）．ヒトの胃は pH 1〜2 程度に保たれており，胃ではたらくタンパク質分解酵素であるペプシンの最適 pH は 2 である．

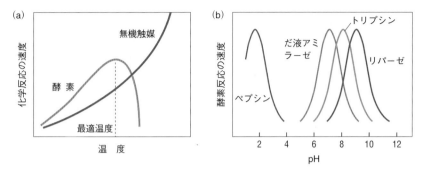

図3・5 最適温度と最適pH （a）酵素活性と温度の関係．（b）酵素活性とpHの関係．多くの酵素は中性付近に最適pHをもつ．

❸ **補酵素を必要とする酵素もある．**

酵素の種類によっては，活性を発揮するために，**補因子**とよばれる金属イオンや低分子化合物を必要とする場合がある．補因子を必要とする酵素で，補因子が結合した状態の酵素-補因子複合体を**ホロ酵素**という．補因子が結合していないタンパク質だけの状態を**アポ酵素**という．一般的に，アポ酵素は活性がなく，ホロ酵素になって初めて活性をもつ（図3・6）．

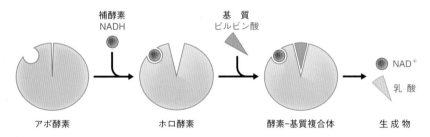

図3・6 アポ酵素とホロ酵素 アポ酵素が補酵素と結合してホロ酵素になり活性を示す．

補因子のうち**補酵素**は，酵素がはたらくために必要な低分子有機化合物であり，酵素反応の過程で化学的に変化する．補酵素の多くは**ビタミン**とよばれるものやその誘導体である．後述する呼吸や第4章で述べる光合成において重要な補酵素として，ニコチンアミドアデニンジヌクレオチド（NAD⁺，nicotinamide adenine dinucleotide）やフラビンアデニンジヌクレオチド（FAD，flavin adenine dinucleotide）があるが，これらはビタミンの誘導体である．

3・3　エネルギーの通貨 ATP

　生物は，異化によって得たエネルギーを用いて，生体構築用の高分子化合物をつくり出す同化を行うが（図3・1），異化によってエネルギーを得る場所と，そのエネルギーを必要とする同化が行われる場所は同じとは限らない．そこで，異化を行う場所から同化を行う場所へとエネルギーを移動する必要がある．そのようなエネルギーの移動は，エネルギーを効率よく貯蔵し取出すことのできる化合物が担っている．その代表が，**ATP**（アデノシン三リン酸）である．異化によって得られたエネルギーは，ATP 中の結合エネルギーとして蓄えられ，必要な物質の合成に用いられる．

　ATP は，糖であるリボースと塩基であるアデニンからなるアデノシンに 3 個のリン酸が結合している（図3・7）．エネルギーは，ATP のリン酸結合として蓄えられていて，この結合のことを**高エネルギーリン酸結合**という．ATP のリン酸結合が一つ加水分解により切断されると，アデノシン二リン酸（ADP）とリン酸（P_i）が生じ，このとき pH 7 の条件下で，30.5 kJ（7.3 kcal）のエネルギーが発生する．

$$ATP + H_2O \longrightarrow ADP + P_i + エネルギー（30.5 kJ）$$

すべての生物は，ATP を利用している．ATP のリン酸結合の加水分解により放出されるエネルギーを用いてさまざまな生命活動が行われる．生じた ADP は呼吸

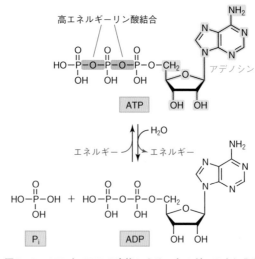

図3・7　ATP と ADP の変換によるエネルギーの出し入れ

（§3・4を参照）により，ATP に戻される．すなわち，生物にとって ATP は必要に応じてエネルギーを出し入れすることができる，まるで“お金”のようなものなので，エネルギー通貨とよばれる．

3・4　呼　　吸

3・4・1　グルコースの燃焼と呼吸

グルコース（ブドウ糖）は，ATP を得るために主要なエネルギー源である．特に脳や赤血球では，グルコースはほとんど唯一のエネルギー源である．では，どのようにしてグルコースからエネルギー（ATP）を得ているのだろうか．グルコースを燃やせば，熱としてエネルギーが放出される．しかし，グルコースを燃やすことで発生する熱を，生物は利用することも貯蔵することもできない（図3・8b）．生体内では，グルコースを燃やす代わりに，酵素のはたらきで段階的に酸化することにより熱の発生を抑えつつ小分けしてエネルギーを取出す（図3・8a）．そしてこのエネルギーを使って AMP や ADP をリン酸化して ATP に変換し，獲得したエネルギーをあとで利用できるかたちにして貯蔵する．この過程を**呼吸**という．

(a) 呼吸におけるグルコースの段階的な酸化

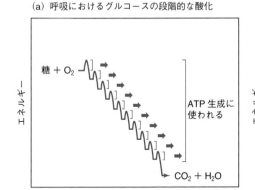

(b) グルコースの燃焼

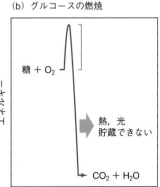

図3・8　グルコースの段階的な酸化と燃焼

一般に呼吸というと，息を吸って（大気中の酸素を取込んで），息を吐く（二酸化炭素を大気中に放出する）ことであるが，このような肺胞での酸素と二酸化炭素のガス交換のことを**外呼吸**という．一方，細胞が外呼吸によって取込まれた酸素を用いてグルコースなどの栄養素を二酸化炭素と水に分解しエネルギー（ATP）を得る過程のことを**内呼吸**，あるいは**細胞呼吸**という．ここでは，内呼吸のことを呼吸

とよぶ．グルコースの燃焼と呼吸におけるグルコースの酸化の最終的な化学反応式
は同一である．

$$C_6H_{12}O_6 + 6O_2 + 6H_2O \longrightarrow 6CO_2 + 12H_2O + エネルギー$$

したがって，グルコースの燃焼と呼吸におけるグルコースの酸化により放出される
エネルギーの総量は同じである．グルコースの燃焼の場合，活性化エネルギーは大
きいが，一部の分子で反応が開始されれば，その燃焼で発する熱により他の分子も
遷移状態を乗り越えることができる．一方，呼吸によるグルコースの酸化は，酵素
が触媒するので，活性化エネルギーは体温で乗り越えられる程度に小さくなってい
る．

3・4・2　呼吸における三つの代謝経路

　呼吸は，**解糖系**，**クエン酸回路**，**電子伝達系**の三つの異化系代謝経路からなる
（図 3・9）．グルコースは，細胞質で解糖系により分解され，ピルビン酸が生成す
る．ピルビン酸は，ミトコンドリア（図 1・7 参照）に運ばれ，そこでクエン酸回
路により最終的に二酸化炭素まで酸化される．その過程で生じる電子（e^-）が
NAD^+ や FAD に渡されることにより，電子伝達体となる NADH（還元型のニコチ

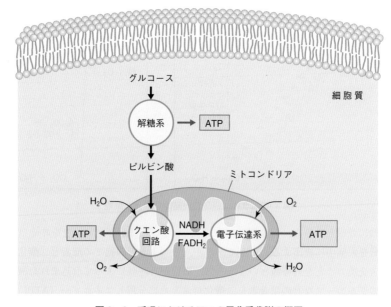

図 3・9　呼吸における三つの異化系代謝の概要

ンアミドアデニンジヌクレオチド）や FADH$_2$（還元型のフラビンアデニンジヌク
レオチド）が生成される．NADH や FADH$_2$ から電子がミトコンドリア内膜に存在
する電子伝達系に流れ，最終的に酸素に受け渡される．この過程で，電子は標準還
元電位が低いほうから高いほうへと流れ，その際に解放されるエネルギーが利用さ
れて大量の ATP がつくられる．それぞれの代謝経路について §3・4・3〜§3・4・5 で
説明する．

3・4・3　解　糖　系

　生物にとってグルコースは主要なエネルギー源であるが，グルコースそのものか
ら生命活動のためのエネルギーを得ることは難しい．生物がグルコースをエネル
ギー源として利用するためには，グルコースをよりエネルギーを活用しやすい物質
に変える必要がある．**解糖系**は，グルコースを生物が利用しやすいかたちに変換す
るための異化的代謝である（図3・10）．その過程で ATP と NADH を生成する．

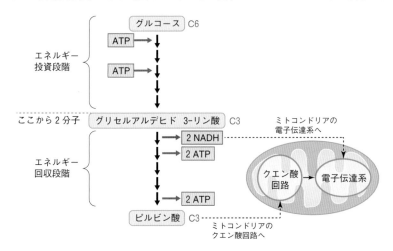

図3・10　好気的解糖系　C6 は炭素数が 6 個の化合物であることを示す．

　具体的には，細胞内に取込まれたグルコースは，細胞質で解糖系によりピルビン
酸まで分解される．グルコース（C$_6$H$_{12}$O$_6$）の炭素数は 6，ピルビン酸（C$_3$H$_4$O$_3$）
の炭素数は 3 であり，解糖系により 1 分子のグルコースから 2 分子のピルビン酸が
できる．解糖系は 10 段階の代謝反応からなるが，前半の酵素反応はエネルギーの
投資段階であり，1 分子のグルコースに対して 2 分子の ATP が消費される．後半
の酵素反応はエネルギーの回収段階であり，4 分子の ATP が生成されるので，解

糖系全体では差し引き1分子のグルコースから2分子のATPが生じる．加えて，1分子のグルコースから2分子のNADHが生成される．解糖系の反応をまとめると以下のようになる．

$$\text{グルコース} + 2\,NAD^+ + 2\,ADP + 2\,P_i \longrightarrow$$
$$2\,\text{ピルビン酸} + 2\,NADH + 2\,ATP + 2\,H^+$$

酸素が十分ある状態（好気状態）では，解糖系により生じたNADHは，ミトコンドリアで電子伝達系に使用される[*1]．

　一方，解糖系の反応を逆に進めることによりピルビン酸などからグルコースをつくることができる．これを**糖新生**とよび，同化代謝の一つである．なお，解糖系の10段階の反応のうち三つの代謝反応については，糖新生専用の酵素が触媒する．

3・4・4　クエン酸回路

　好気状態では，解糖系で生じたピルビン酸はミトコンドリアに運ばれ，ミトコンドリアマトリックスにあるピルビン酸デヒドロゲナーゼ複合体によりアセチルCoAになる．ピルビン酸デヒドロゲナーゼ複合体は3種類の酵素の複合体で，ピルビン酸からアセチルCoAを効率よくつくることができる．この反応では，1分子のピルビン酸から1分子のアセチルCoAに加えて1分子のNADHと1分子のCO_2が生じる（図3・11）．

$$\text{ピルビン酸} + CoA + NAD^+ \longrightarrow \text{アセチル}CoA + CO_2 + NADH + H^+$$

アセチルCoAは，**クエン酸回路**〔トリカルボン酸（TCA）回路またはクレブス回路ともいう〕に入り，アセチルCoAのアセチル基がオキサロ酢酸に渡ることによりクエン酸を生じる．クエン酸回路は，8種類の酵素反応がサイクルを形成しており，これらの反応もミトコンドリアマトリックスで行われる[*2]．このサイクルが1回転すると，1分子のアセチルCoAから3分子のNADH，1分子の$FADH_2$，1分子のGTP（グアノシン三リン酸）および2分子のCO_2が生じる（図3・11）．ここで生じるCO_2は，外呼吸により体外に排出される．GTPはATPに容易に変換され

　[*1] 細胞質で生じたNADHはミトコンドリアの内膜を通過できないので，実際にはNADHがもつ電子がミトコンドリア内に運ばれ，電子伝達系に利用される．この経路は2種類ある．リンゴ酸アスパラギン酸シャトルによる経路では，細胞質のNADHによりオキサロ酢酸を還元して生じるリンゴ酸がミトコンドリアに運ばれ，リンゴ酸をミトコンドリア内でオキサロ酢酸に再酸化することによりNADHが生成される．このことにより実質的にNADHが運ばれたことになる．一方，グリセロリン酸経路では，細胞質のNADHがミトコンドリア内膜の$FADH_2$に変換される．

　[*2] クエン酸回路を構成する酵素反応系のなかで，$FADH_2$を生じる反応（コハク酸デヒドロゲナーゼが触媒）のみ，ミトコンドリア内膜で行われる．

るので，クエン酸回路が1回転すると1分子のATPが生じることに等しい．クエン酸回路の一番の役割は，還元力の強い化合物であるNADHとFADH$_2$を大量につくることである．クエン酸回路で生じたNADHやFADH$_2$の還元力は，電子伝達系でATPを合成するのに利用される．クエン酸回路が1回転するときの反応をまとめると以下になる．

$$\text{アセチル CoA} + 3\,\text{NAD}^+ + \text{FAD} + \text{GDP} + \text{P}_i + 3\,\text{H}_2\text{O} \longrightarrow$$
$$3\,\text{NADH}_2^+ + \text{FADH}_2 + \text{CoA} + \text{GTP} + 2\,\text{CO}_2$$

なお，グルコース1分子当たり2分子のピルビン酸が生じるので，グルコース1分子に換算すると，生じる分子はすべて2倍になる．

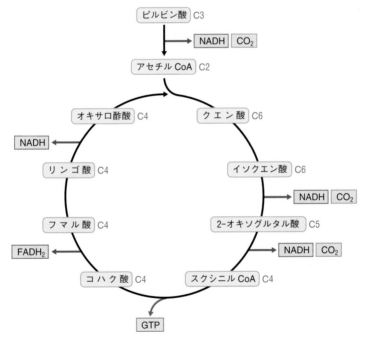

図3・11　クエン酸回路　C3は炭素数が3個の化合物であることを示す．反応は時計回りに進む．

3・4・5　電子伝達系

クエン酸回路で生じたNADHやFADH$_2$の電子は，ミトコンドリア内膜に埋め込まれている一連のタンパク質複合体（複合体I〜IV）に順番に渡される（図3・

12）．そして，最終的に酸素に渡され，周辺にあるプロトン（H$^+$）と結合して水になる．この過程を担う反応系を**電子伝達系**という．NADH の電子は，複合体Ⅰ→複合体Ⅲ→複合体Ⅳ の順に渡されていく[*1]．その際に，ミトコンドリアのマトリックスに存在する H$^+$ が，膜間腔に汲み上げられる．FADH$_2$ の場合，電子は複合体Ⅱ→複合体Ⅲ→複合体Ⅳ の順に渡されていき，同様に H$^+$ が膜間腔に輸送される[*2]．この H$^+$ の膜間腔への輸送は，H$^+$ の濃度勾配に逆らって起こる．ミトコンドリアの内膜は H$^+$ を自由拡散で通すことができないので，その結果として内膜を隔ててマトリックスと膜間腔の間に H$^+$ の濃度差が生じる．この H$^+$ の濃度差により生じる化学ポテンシャル（自然に戻ろうするエネルギー）を利用して，内膜に埋め込まれている ATP 合成酵素（ATP シンターゼ，複合体Ⅴ ともよばれる）が ADP とリン酸から ATP を合成する．このように電子伝達系を利用して ATP を合成するしくみを，**酸化的リン酸化**という．

　酸化的リン酸化では，1 分子のグルコースから何分子の ATP がつくられるのだ

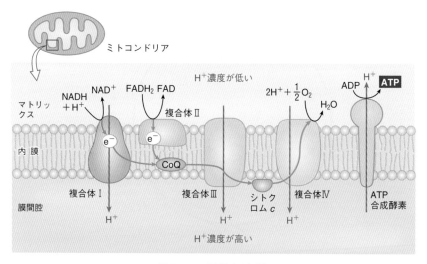

図 3・12　電子伝達系

[*1] 複合体間の電子の受け渡しは，電子伝達体である補酵素 Q（CoQ，コエンザイム Q，ユビキノンともいう）とシトクロム c により行われる．補酵素 Q は，複合体ⅠとⅢの間を，シトクロム c は複合体ⅢとⅣの間で電子を受け渡す．

[*2] FADH$_2$ の電子が複合体Ⅱに渡される過程では，H$^+$ の膜間腔への輸送は起こらない（複合体Ⅲ，複合体Ⅳについては，NADH の場合と同様に H$^+$ の膜間腔への輸送が起こる）．したがって，FADH$_2$ によりつくられる ATP の数は，NADH と比べて少なくなる．

コラム2　ATP 合成酵素で ATP が合成されるしくみ

　ATP 合成酵素による ATP 合成のしくみは，水力発電にたとえることができる．水位の高低差が H^+ の濃度勾配，ダムの堤が内膜，ATP 合成酵素が導水路と発電機である．水力発電では，ダムに貯められた高所にある水が下に落ちる勢いで，水車を回して発電する．ATP 合成酵素には，膜間腔とマトリックスをつなぐチャネルがあり，水力発電の導水路にあたる．膜間腔に高濃度に蓄積された H^+ は，このチャネルを通ってマトリックスへと移動する．この H^+ が移動するときのエネルギーで ATP 合成酵素の中央にあるシャフトが回転し，ATP が合成される．水力発電では，ダムの水が少なくなった場合，電力需要が少ない夜間などに余剰電力を利用して水車を逆に回転して水を汲み上げ，電力の需要が大きくなる場合に備えている．同様に，膜間腔の H^+ 濃度が低下している場合も，ATP が過剰にあれば，ATP の加水分解により得られるエネルギーを使って ATP 合成酵素を逆に回転させることにより，マトリックスにある H^+ を膜間腔に汲み上げることができる．これにより膜間腔の H^+ 濃度を増加させ，必要なときに ATP を合成することができる．

ろうか．1分子のグルコースから，解糖系で2分子の NADH，ピルビン酸デヒドロゲナーゼ複合体による触媒反応で2分子の NADH，クエン酸回路で6分子の NADH と2分子の $FADH_2$ がつくられるので，電子伝達系で利用できる分子数は合計で NADH は10分子，$FADH_2$ は2分子になる．理論的には，1分子の NADH からは3分子の ATP，1分子の $FADH_2$ からは2分子の ATP をつくることができるので，最大34分子の ATP が合成可能である[*]．ちなみに，1分子のグルコースから解糖系，クエン酸回路および電子伝達系を経て得られる ATP の総分子数は，クエン酸回路で合成される GTP は ATP と等価と考えると，38分子になる（解糖系で2分子，クエン酸回路で2分子，電子伝達系で34分子）．クエン酸回路と電子伝達系の反応はミトコンドリアで行われるので（解糖系は細胞質で行われる），いかに効率よくミトコンドリアで ATP が合成されているかがわかる．

---

[*]　実際には，膜間腔にある H^+ が漏れたり，ATP を合成するために必要なリン酸などの分子のミトコンドリア内への輸送に伴って H^+ がマトリックス内に流入することにより，ATP の合成量は理論値より少なくなる．おおよその実測値は，1分子の NADH からは2.5分子の ATP，1分子の $FADH_2$ からは1.5分子の ATP であり，1分子のグルコースから酸化的リン酸化で合成される ATP の分子数の実測値は28である．解糖系とクエン酸回路を合わせると，1分子のグルコースから32分子の ATP が合成されることになる．

コラム3　がん細胞の代謝：ワールブルク効果

　1分子のグルコースから，解糖系では2分子のATPしか合成できないが，ミトコンドリアにおける酸化的リン酸化では最大36分子のATPを合成することができ，酸化的リン酸化のほうが圧倒的に効率的である．実際，正常な組織では，酸素が十分にある場合，ミトコンドリアでATPを合成する．しかし，がん細胞では，有酸素下でも，酸化的リン酸化でなく解糖系をおもに用いてATPを合成することが知られている．この現象を発見者の名前にちなんで**ワールブルク（Warburg）効果**という．がん細胞は，なぜ効率的に不利な解糖系でグルコースを大量消費してエネルギーを得ているのか，その意義もメカニズムも完全にわかっているわけではなく，がん生物学の最大の謎の一つである．

　グルコースの異化の一つに，**ペントースリン酸経路**という，グルコースから核酸や脂質などの高分子の材料をつくるための代謝経路がある．最近の研究から，ワールブルク効果の意義として，ペントースリン酸経路を活性化することにより核酸などの細胞増殖に必要な生体高分子の材料を提供することにあるという説が有力である．すなわち，がん細胞は正常な細胞より増殖が活発なので，効率よくATPをつくるよりも細胞分裂に必要な材料を得ることのほうが，がん細胞が増殖するためには重要であり，そのためにグルコースを大量消費しているのではないかと考えられている．

3・5　嫌気的解糖と発酵

　解糖系によりグルコースが分解されてピルビン酸が生成されることを§3・4・3で説明したが，酸素が十分ある条件下で起こる解糖のことを**好気的解糖**という．好気的解糖の場合，解糖系により生成されたピルビン酸はミトコンドリアに運ばれ消費される（図3・10）．一方，酸素が十分にない状態（嫌気状態）で起こる解糖を**嫌気的解糖**という．ミトコンドリアにおける呼吸には酸素が必要なので，嫌気的解糖系で生成されるピルビン酸は，ミトコンドリアでは消費されない．それでは，嫌気的解糖系で生成されたピルビン酸は，何に使われるのだろうか．

　微生物が酸素を使わずに糖などの有機物を代謝してエネルギーを獲得する過程を，**発酵**という．代謝産物の違いによって**乳酸発酵**や**アルコール発酵**などのさまざまな発酵がある．

a. 乳酸発酵　　乳酸菌の場合，嫌気的解糖で生成されたピルビン酸は，還元されて乳酸を生じる．代謝産物が乳酸なので，この代謝経路のことを乳酸発酵という．このとき，解糖系で生成したNADHが補酵素として使用され，NADH自体は酸化されてNAD^+になる．このとき生じたNAD^+は，解糖系で利用されてNADHに再還元される（図3・13a）．すなわち，乳酸発酵では，グルコースを最終的に乳酸に変換することにより解糖系を回し続け，このことにより酸素非存在下でATPを合成するのである．この乳酸発酵は，動物組織でもみられる現象である．激しい運動を行うと，筋肉組織では酸素不足になる場合がある．この場合，解糖系で生成されたピルビン酸は，ミトコンドリアで消費されなくなり，細胞質で乳酸に変換される．その結果，筋肉組織で乳酸が蓄積され，これが筋肉疲労の要因になると考えられている．

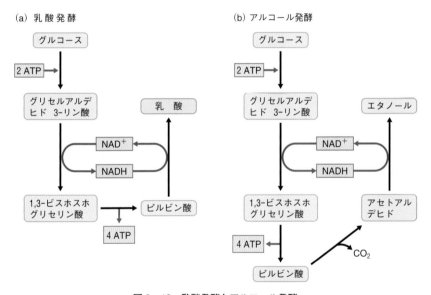

図3・13　乳酸発酵とアルコール発酵

b. アルコール発酵　　同じような嫌気的解糖が酵母で起こると，ピルビン酸は，乳酸でなく，まずピルビン酸デカルボキシラーゼのはたらきでアセトアルデヒドに変換され，次にアルコールデヒドロゲナーゼのはたらきでNADHにより還元されて最終産物としてエタノールが生成される（図3・13b）．これが，お酒造りのもととなるアルコール発酵である．

4 代謝とエネルギー（同化）

▶ 行動目標
1. 地球上の生物にとっての光合成の役割を説明できる.
2. 光合成のしくみを説明できる.
3. 第3章との比較から，ミトコンドリアと葉緑体の相違点を説明できる.
4. 光合成関連酵素の光活性化とその意義を説明できる.
5. 植物と動物の窒素同化のしくみをおのおの説明できる.

　第3章では，代謝のうち，複雑な有機物を単純な物質に分解して，エネルギーを取出す過程である異化について学んだ. 本章では，エネルギーを利用して簡単な物質から複雑な物質を合成する過程である**同化**について解説する. 同化反応には，CO_2 などを材料として炭素を含むより複雑な化合物（糖など）を合成する**炭素同化**と，アンモニアや NO_3^- を材料として窒素を含むより複雑な化合物（アミノ酸など）を合成する**窒素同化**がある. 炭素同化は，植物が行う光合成などのことである（§4・1）. 窒素同化は，植物だけでなく，動物も含めた多くの生物が行う反応である（§4・2）. それぞれの反応を見ていこう.

4・1 光 合 成

　植物は，光エネルギーを利用して CO_2 から有機物を合成する**炭素同化**を行う.

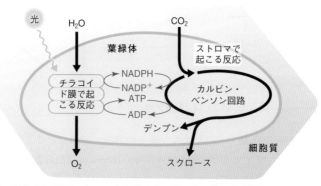

図4・1　光合成の概要　チラコイド膜では，光エネルギーを利用して NADPH と ATP をつくる反応が起こる. その NADPH と ATP はストロマで起こる炭素固定反応（カルビン・ベンソン回路）に使われる.

これは**光合成**とよばれ，同時に水の分解を伴い，**酸素**が発生する．光合成でつくられる有機物と酸素は，地球の生物の生命活動と食物連鎖（第13章を参照）を支える．

$$6\,CO_2 \;+\; 12\,H_2O \xrightarrow{\;\text{光エネルギー}\;} (C_6H_{12}O_6) \;+\; 6\,H_2O \;+\; 6\,O_2$$
有機物

光合成は，大きく分けて二つの過程から成る．一つは，光エネルギーを利用して，生体のエネルギー通貨ともいわれる化合物である**ATP**や**NADPH**を合成する過程である．もう一つは，その化学エネルギーを利用して，**二酸化炭素**を固定・還元し，糖などの有機化合物を合成する過程である．植物の光合成では，前者は**葉緑体**（図1・8参照）の**チラコイド膜**で，後者は**ストロマ**で反応が進む（図4・1）．

4・1・1 チラコイド膜での反応

植物に光が照射されると，チラコイド膜では，① 光の吸収，② 光化学反応，③ 電子伝達，④ ATP合成が行われる．

a. 光の吸収 チラコイド膜には，光合成色素である**クロロフィル**（Chl*a*, Chl*b*）や**β-カロテン**などを結合したタンパク質複合体が2種類存在し，**光化学系 I 複合体**および**光化学系 II 複合体**とよばれる．各光合成色素は，それぞれ独自の吸収スペクトルを呈する（図4・2）．各複合体において，光はこれら光合成色素によ

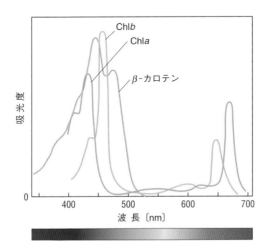

図4・2 光合成色素とその吸収スペクトル

り吸収され，そのエネルギー（励起エネルギーという）は反応中心のクロロフィル
まで移動する．反応中心クロロフィルは，光化学系 I 複合体では Chl*a* とその異性
体 Chl*a'* の計 2 分子，光化学系 II 複合体では Chl*a* 2 分子から構成される．なお，
光化学系 I と II の反応中心は，酸化還元に伴う吸光度の差スペクトルが 700 nm ま
たは 680 nm で極大値を示すことから，光化学系 I と II は，それぞれ **P700**，**P680**
とよばれる．

　b. 光化学反応　　光化学系 I や II の各複合体では，反応中心クロロフィルが
光に由来するエネルギーを受容して励起する．この励起状態のクロロフィルは，強
力な還元剤としてはたらき，自身の電子をそれぞれの複合体の**初期電子受容体**に渡
す．これにより反応中心クロロフィルは正に荷電し（酸化され），初期電子受容体
は負に荷電する（還元される）．

$$\text{P A} \longrightarrow \text{P}^* \text{A} \longrightarrow \text{P}^+ \text{A}^-$$

　P: 反応中心クロロフィル　　　P*: 励起状態の反応中心クロロフィル
　A: 初期電子受容体

この反応中心クロロフィルと初期電子受容体がそれぞれ正と負に荷電する現象を，
電荷の分離とよぶ．以上のように，反応中心では，光からのエネルギーが酸化還元
を起こす化学エネルギーに変換される．この変換過程を光化学反応とよぶ．

　c. 電子伝達　　光化学反応により正に荷電した光化学系 II 複合体反応中心ク
ロロフィル（P680）は，**初期電子供与体**である Y_Z（光化学反応中心を構成する D_1
サブユニットのチロシン残基）から電子を受取って非荷電状態に戻る．Y_Z へは，
Mn クラスターとよばれる構造を介して，H_2O から引き抜かれた電子が渡る．その
際，チラコイド膜内腔では，H_2O の分解により酸素（O_2）と H^+ が発生する．ま
た，光化学系 II 複合体内では，P680 から電子を受取った初期電子受容体**フェオフィ
チン**（Phe）から Q_A そして Q_B（いずれもキノン），**プラストキノン**（PQ）などを
経て，**プラストシアニン**（PC）に電子が渡る（図 4・3）．

　一方，光化学系 I 複合体では，光化学反応により P700 から初期電子受容体 A_0
（Chl）へと電子が伝達される．電子を A_0 に渡すことにより正に帯電した P700 は，
プラストシアニンから電子を受取る．また，光化学系 I 複合体では A_0 から A_1（キ
ノン），そして F_X，F_A，F_B（いずれも鉄硫黄クラスター）へと，電子が順次伝達さ
れる．複合体 I と II のいずれにおいても，電子は酸化還元電位の値が低いほうから
高いほうへ伝達される．光化学系 I では，電子は最終的に**フェレドキシン**を介して
フェレドキシン-NADP$^+$レダクターゼ（FNR）へ渡され，この酵素の作用で

NADP$^+$が還元されて NADPH が生成する（図4・3）.

　光化学系の電子伝達の全体としては，H$_2$O を分解して生じた電子を光化学系 II と I を介して NADP$^+$に渡して NADPH をつくる．この NADPH はカルビン・ベンソン回路で使われる．また，H$_2$O の分解によりチラコイド膜内腔で H$^+$が生成するが，これに加えて，電子伝達系の**プラストキノンとシトクロム**（Cyt）**b_6f複合体**のはたらきにより，チラコイド膜のストロマ側から内腔側へと H$^+$が輸送される．このことにより，チラコイド膜ではストロマに比べ内腔側で H$^+$濃度が高くなるよう濃度勾配が形成され，次に説明する ATP 合成の推進力となる.

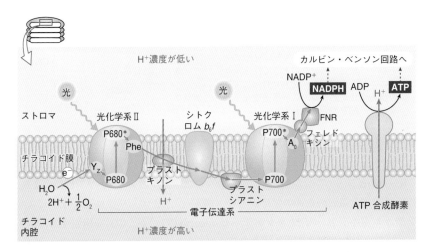

図4・3　光合成電子伝達系　チラコイド膜では，光合成電子伝達が機能する．光化学系 II において発生した電子は，プラストキノン（PQ），シトクロム b_6f複合体，プラストシアニン（PC）を経て光化学系 I へと運ばれ，最終的に NADP$^+$に渡されて NADPH が生成する（この NADPH はカルビン・ベンソン回路で使われる）．光化学系 I，シトクロム b_6f，光化学系 II の各複合体は，複数種のサブユニットタンパク質が会合することにより構築されている．一方，プラストシアニン，フェレドキシン，フェレドキシン-NADP$^+$レダクターゼ（FNR）は単一のタンパク質である.

　d. ATP 合 成　　チラコイド膜では，光合成電子伝達系（図4・3）により形成された H$^+$の濃度勾配により，H$^+$が内腔からストロマへ流れようとする高エネルギー状態が形成される．このエネルギーを利用し，チラコイド膜に存在する ATP 合成酵素（図4・4）が ATP を合成する．ATP 合成酵素はチラコイド膜に埋まっており，その中を H$^+$が通り抜けられるようになっている．3〜4 個の H$^+$が濃度勾配に従って内腔からストロマへ ATP 合成酵素内を通り抜ける際に，ATP 合成酵素

（ATP シンターゼ）はそのエネルギーを利用して ADP と P_i から 1 分子の ATP を合成する．このような，光エネルギーを利用した ATP 合成反応を，**光リン酸化**とよぶ．

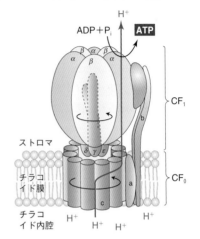

図 4・4　光リン酸化反応　葉緑体型 ATP 合成酵素は，膜表在性（CF_1）と膜内在性（CF_0）の部分が γ サブユニットでつながれた構造をとり，チラコイド膜の内腔に蓄積した H^+ を濃度勾配に従ってストロマへ輸送する．このとき CF_0 と γ サブユニットが回転し，それに伴って CF_1 の構造変化が起こる．この構造変化を利用して，ATP が合成される．

4・1・2　ストロマでの反応

ここでは，カルビン・ベンソン回路とその活性化について説明する．

a. カルビン・ベンソン回路　ストロマでは，**カルビン・ベンソン回路**により，CO_2 の固定と還元のための反応が進む（図 4・5）．まず，リブロース 1,5-ビスリン酸カルボキシラーゼ/オキシゲナーゼ（**RuBisCO**）*が，CO_2 を固定する．つまり，RuBisCO が触媒するカルボキシラーゼ反応により，CO_2 は C5 化合物（炭素 5 個からなる）である**リブロース 1,5-ビスリン酸（RuBP）**のカルボキシ化に用いられ，続く開裂により，C3 化合物である 3-ホスホグリセリン酸が 2 分子生成する．3-ホスホグリセリン酸からは，ATP を用いたリン酸化，さらに NADPH を用いた還元を通して，トリオースリン酸であるグリセルアルデヒド 3-リン酸が生成する．さらにその一部が異性化することにより，別のトリオースリン酸であるジヒドロキシアセトンリン酸が生成する．その後，回路は進み，最終的にはリブロース 5-リン酸が，ATP を用いたリン酸化により RuBP へと再生する．結局，カルビン・ベンソン回路が 6 サイクル回転することで，6 分子の CO_2 が 6 分子の RuBP に固定され，12 分子のトリオースリン酸が生成する．このうち，10 分子は，RuBP の再生に利用され，残り 2 分子は以下のようにデンプンやスクロースの合成へと進む．

---

*　RuBisCO：ribulose 1,5-bisphosphate carboxylase/oxygenase

　葉緑体では，グリセルアルデヒド 3-リン酸とジヒドロキシアセトンリン酸が縮合し，フルクトース 1,6-ビスリン酸が生成する．ついで，その脱リン酸によりフルクトース 6-リン酸が生成し，これはカルビン・ベンソン回路から離脱し，グルコースから構成される多糖であるデンプンの合成へと進む．一方，トリオースリン酸が葉緑体から細胞質に輸送されると，その後，たとえば，細胞質での糖新生を経て，フルクトースとグルコースからなる二糖のスクロースが合成される．

　この一連の反応は，^{14}C という炭素の放射性同位元素を用いて明らかにされた．

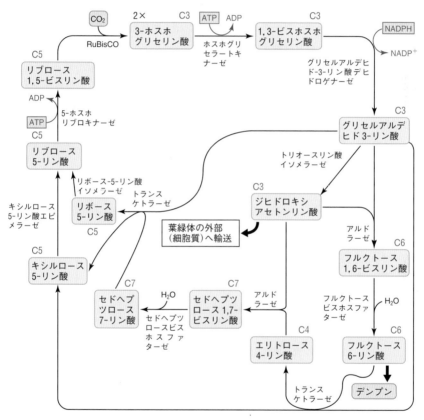

図4・5　カルビン・ベンソン回路　C3 は炭素数が 3 個の化合物であることを表す.

　b. カルビン・ベンソン回路の活性化　　光照射下，チラコイド膜内腔は水分解による H^+ の生成やストロマからの H^+ の輸送により酸性化し，逆にストロマは pH 8 程度とアルカリ性となる．カルビン・ベンソン回路ではたらく酵素は，RuBisCO

を含め，pH 8 前後に最適 pH をもち，したがって光照射下で高い活性を示す．一方，ホスホリブロキナーゼのように，チオレドキシンにより活性化されるものもある（図 4・6）．この場合，タンパク質中のシステイン残基における酸化還元反応，すなわちそのスルファニル基（−SH）とジスルフィド結合（−S−S−）との間での変換反応が重要となる．光合成条件下，電子伝達により還元されたフェレドキシンは，フェレドキシン：チオレドキシンレダクターゼを介して，酸化型チオレドキシンに電子を渡す．これにより酸化型チオレドキシンの特定のシステイン残基間で形成されているジスルフィド結合がスルファニル基へと還元され，還元型チオレドキシンとなる．ついで，還元型チオレドキシンは，酸化型ホスホリブロキナーゼに電子を渡すことで，自身は酸化型に戻る．この反応により，ホスホリブロキナーゼは，特定のジスルフィド結合がスルファニル基へ還元され，活性化される．

　これらの酵素はなぜ光照射下で活性化されるのであろうか．もし活性化されなかったら，ATP と NADPH が過剰に蓄積し，植物体の代謝バランスが大きく崩れるであろう．また，もし夜，光のないときにこれらの酵素がはたらいてしまったら，昼の間に蓄積したデンプンの異化と同時に，それにより得られたエネルギーを無駄にデンプン合成に利用してしまうことになるであろう．

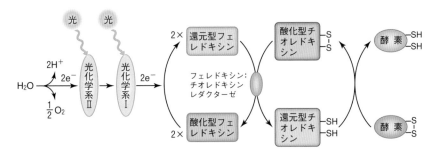

図 4・6　光合成関連酵素のチオレドキシンによる活性化機構

4・1・3 光 呼 吸

　光合成条件下，RuBisCO は CO_2 と結合して，カルボキシラーゼ反応する．しかし副反応として，オキシゲナーゼ反応もひき起こされる（図 4・7）．オキシゲナーゼ反応では，RuBP は O_2 と結合後に開裂し，1 分子の 3-ホスホグリセリン酸と 1 分子のホスホグリコール酸が生成する．3-ホスホグリセリン酸は，カルビン・ベン

ソン回路をそのまま進む．一方，ホスホグリコール酸は，以後，葉緑体，ペルオキ
シソーム，ミトコンドリアをまたいで反応を受ける．途中，ミトコンドリアでは
$1/2$ 分子に相当する CO_2 が放出され，最終的には $1/2$ 分子に相当する 3-ホスホグ
リセリン酸が再生され，これがカルビン・ベンソン回路に入る．この一連の反応
は，光合成条件下で O_2 の吸収と CO_2 の放出を伴うことから**光呼吸**とよばれる．し

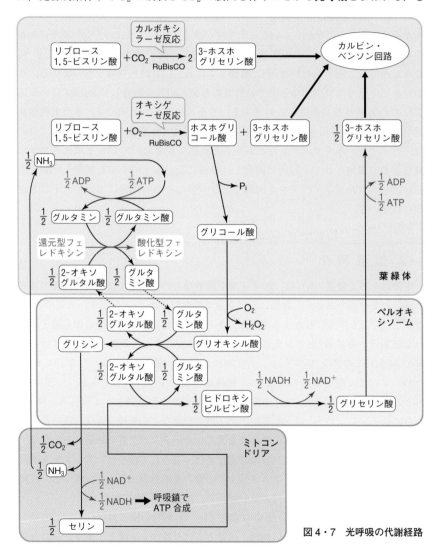

図 4・7　光呼吸の代謝経路

たがって，光呼吸により RuBisCO のカルボキシラーゼ反応速度は低下し，かつ固定した CO_2 が放出されることから，光呼吸は光合成の効率を低下させるといえる．また，この光呼吸により ATP や還元力が消費される．このように，光呼吸は光合成に対して負にはたらくが，強光下の植物体がそのエネルギーバランスを正常に維持するために重要であるとの報告がある．

a. 光合成炭素固定の多様性　　光呼吸はまた，RuBisCO の反応部位の CO_2 濃度が重要であることを示している．光強度が強く，比較的水分の少ない場所に生育する植物にとっては，気孔の開度を抑えると CO_2 の取込みも少なくなってしまう．こうした場所に適応した植物が C_4 植物とよばれ，CO_2 濃縮機構をもっている．サトウキビやトウモロコシなどがその例であるが，ATP を消費して RuBisCO の反応部位の CO_2 濃度を高めているのである．さらに乾燥した地域では，多肉有機酸代謝（crassulacean acid metabolism, CAM）を行う **CAM 植物**が認められる．これには，パイナップルやサボテンなどがある．夜に気孔を開いて CO_2 を取込みリンゴ酸などの有機酸として一時的に固定し，昼間に光のもとでその有機酸を分解して CO_2 にし，カルビン・ベンソン回路でデンプンなどの有機物に固定し直すことが知られている．

4・2　窒素同化

　生物にとって**窒素**（N）は，アミノ酸や核酸などのさまざまな窒素化合物の構成元素として必須である．生物圏における窒素の循環を図 4・8 に示す．大気中の N_2 は，地球で最も多量に存在する窒素源であるが反応性が乏しい．窒素固定菌とよばれる細菌は，その N_2 を**アンモニア**（NH_4^+）に変換する．**窒素固定**とよばれる現象である．このアンモニアは，土壌細菌により，**亜硝酸**（NO_2^-）を経て**硝酸**（NO_3^-）にまで酸化される（硝化）．硝酸は植物により吸収されるが，一部は N_2 へと還元される（脱窒）．植物の窒素同化では硝酸を窒素源として取込み，NO_2^- さらにはアンモニアへと還元して，アミノ酸や核酸などの有機窒素化合物の合成に利用する．動物は，植物などの他生物を食し，そのタンパク質を分解することでアミノ酸を獲得する．動物における窒素同化では，こうして得られたアミノ酸を窒素源として，自身が必要とするアミノ酸やその他の有機窒素化合物を合成する．有機窒素化合物は，動物や微生物により分解され，NH_4^+ が生成される．

　本項では，① 窒素固定，② 植物の窒素同化，③ 動物の窒素同化について解説する．このうち窒素同化の要は，動物，植物ともに**グルタミン酸**と**グルタミン**の合成

である．グルタミン酸は，α位のアミノ基を他種アミノ酸の合成の際に提供する．
グルタミンは，側鎖のアミド基の窒素を幅広い生化学反応に提供する．

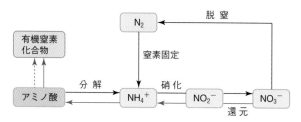

図4・8 生物学的窒素循環 無機窒素に関しては，大気中の N_2 が窒素固定菌により
NH_4^+ に還元され，NH_4^+ は硝化菌により NO_3^- まで酸化される．一方，脱窒菌は，
NO_3^- を還元して N_2 に戻す．固定した無機窒素化合物を利用して有機窒素化合物を合
成する窒素同化は，植物の場合，NO_3^- は NH_4^+ まで還元され，この NH_4^+ が窒素源と
なりアミノ酸をはじめとする有機窒素化合物が合成される（──►）．動物の場合は，植
物など他の生物のタンパク質を摂取し，その分解で得られるアミノ酸を窒素源として
有機窒素化合物が合成される（-- - ►）．有機窒素化合物は動物や微生物により分解され，
NH_4^+ が生成する．

4・2・1 窒 素 固 定

　大気中の N_2 は，原子間の結合力が強く，いわゆる不活性ガスである．したがっ
て，窒素固定細菌での N_2 から NH_4^+ への還元は，下の反応式のように**ニトロゲ
ナーゼ**により触媒されるが，還元力に加え **ATP** も必要とされる．ニトロゲナーゼ
は酸素により失活するため，この反応は酸素分圧が特に低い嫌気的条件下で進む．

$$8\text{還元型フェレドキシン} + 8H^+ + N_2 + 16ATP + 16H_2O \longrightarrow$$
$$8\text{酸化型フェレドキシン} + H_2 + 2NH_3 + 16ADP + 16P_i$$

窒素固定細菌は，他の生物と共生するものと独立して生存するものとに分けられ
る．共生の例としては，マメ科植物と共生する**根粒菌**が，また独立した例として
は，シアノバクテリアの**アナベナ**があげられる（図4・9）．
　a. 根 粒 菌　マメ科植物の根には，**根粒**とよばれるコブがいくつもあり，そ
れは多数の根粒細胞により形成される（図4・9a～e）．根粒細胞には大量の根粒菌
が共生しており，この根粒菌はレグヘモグロビンとよばれる酸素結合タンパク質を
大量に発現させている．根粒菌は，このレグヘモグロビンの作用により自身の細胞
内の酸素濃度を著しく低下させ，ニトロゲナーゼがはたらくための環境を整えてい
る．根粒菌によって固定された窒素は，宿主である植物へ供給され，一方，植物か
らは光合成産物が根粒菌へ送られる．すなわち，この共生はたがいに利のある相利

共生（§13・5 を参照）の関係にある.

b. アナベナ　一方, アナベナは, 糸状に伸びた多細胞性のシアノバクテリアで, 窒素が十分に存在する条件下ではすべて栄養細胞から構成されるが, NO_3^- や NH_4^+ が欠乏した条件下では, 所々で栄養細胞が異質細胞（ヘテロシスト）へと分化する（図4・9f）. このヘテロシストではニトロゲナーゼが発現し窒素固定が起こる. ニトロゲナーゼは一般的に酸素で失活する. ヘテロシストは, そのために自身の細胞内の酸素濃度を低く維持するためのシステムを二つ備えている. 一つ

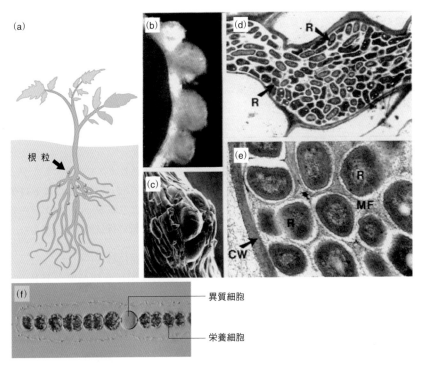

図4・9　窒素固定生物　(a) マメ科植物における根粒の模式図. 根に根粒が形成されている.（b～e）根粒菌の一種リゾビウムによるアブラナ根における根粒形成.（b）リゾビウムがアブラナ根に形成した根粒の顕微鏡写真（×280）.（c）クライオ走査電子顕微鏡写真.（d, e）根粒細胞に共生するリゾビウムの透過型電子顕微鏡写真（d は×7000, e は×44,800）. リゾビウム（R）は細毛線維物質（MF）に覆われている. CW: 細胞壁.（f）アナベナにおける栄養細胞と異質細胞. 多くの栄養細胞のなかに異質細胞が単独で形成されている. ［画像の出典:（b～e）E. C. Cocking *et al.*, "Nitrogen Fixation: Achievements and Objectives", p.813～823, Springer（1990）より.（f）筑波大学生物科学系植物系統分類学研究室, "藻類画像データ"より.］

は，光合成の電子伝達系のうち光化学系 II が存在せず，このため光合成による酸素
の発生が起こらないことである．もう一つは，厚い細胞壁をもつことで，外界の酸
素が細胞内に透過しにくくなっている．ヘテロシストにより固定された窒素は，窒
素源として栄養細胞へ供給され，栄養細胞からは光合成産物がヘテロシストへと送
られる．

4・2・2　植物の窒素同化

植物は窒素源として NO_3^- と NH_4^+ を細胞内に取込むが，このうち直接，同化に
用いられる基質は NH_4^+ である．このため，NO_3^- は NH_4^+ まで還元される必要が
ある（図 4・10 a）．NO_3^- は，まず細胞膜の**硝酸トランスポーター**を介して外界よ
り細胞内に取込まれる．ついで，この NO_3^- は，細胞質内の**硝酸レダクターゼ**のは
たらきで，NADH あるいは NADPH の還元力を用いて NO_2^- に還元される．

$$NO_3^- + NAD(P)H + H^+ \longrightarrow NO_2^- + NAD(P)^+ + H_2O$$

さらに NO_2^- は，葉緑体に輸送され，葉緑体に局在する**亜硝酸レダクターゼ**のはた
らきで NH_4^+ まで還元される．この場合の還元力は，光合成電子伝達系のフェレド
キシンとなる．

$$NO_2^- + 6 \text{還元型フェレドキシン} + 7H^+ \longrightarrow$$
$$NH_3 + 2H_2O + 6 \text{酸化型フェレドキシン}$$

一方，外界の NH_4^+ は，植物の細胞膜に存在する**アンモニアトランスポーター**を
介して細胞内に輸送される．これらの NH_4^+ がグルタミンの合成に用いられる．つ
まり，色素体[*1] あるいは細胞質の**グルタミンシンテターゼ**（glutamine synthetase,
GS）のはたらきで，グルタミン酸と NH_4^+ から，ATP の化学エネルギーを利用し
てグルタミンが合成される．

$$\text{グルタミン酸} + NH_4^+ + ATP \longrightarrow \text{グルタミン} + ADP + P_i + H^+$$

ついで，このグルタミンと 2-オキソグルタル酸（α-ケトグルタル酸）が，色素
体に存在する**グルタミン酸シンターゼ**（GOGAT[*2]）のはたらきを受け，2 分子の
グルタミン酸が合成される．この際，NADPH の還元力が利用される．

$$\text{2-オキソグルタル酸} + \text{グルタミン} + NADPH + H^+ \longrightarrow$$
$$\text{2 グルタミン酸} + NADP^+$$

[*1]　植物や藻類などにみられる半自律的な細胞小器官のこと．葉緑体のほか，デンプンを貯める
　　アミロプラストや，緑化する前のエチオプラスト（白色）などがある．褐藻など緑色以外の
　　色素を多くもつことから，葉緑体とせず色素体（あるいは有色体）として総称される．
[*2]　GOGAT は，グルタミン酸シンターゼの別名であるグルタミン-2-オキソグルタル酸アミノト
　　ランスフェラーゼ（glutamine-2-oxoglutarate aminotransferase）の略号である．

　植物では，グルタミンシンテターゼとグルタミン酸シンターゼが GS-GOGAT 回路を形成し，正味では 2-オキソグルタル酸と NH_4^+ からグルタミン酸が合成される（下の反応式，図 4・10 b）．

$$2\text{-オキソグルタル酸} + NH_4^+ + NADPH + ATP \longrightarrow$$
$$\text{グルタミン酸} + NADP^+ + ADP + P_i$$

(a)

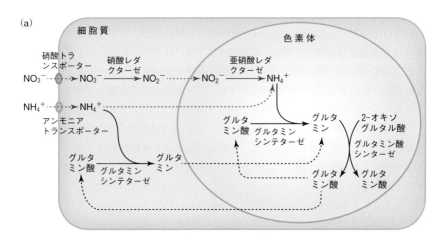

(b)

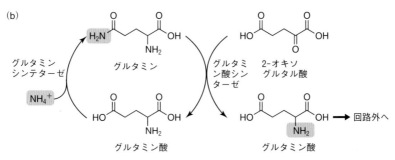

図 4・10　植物の窒素同化経路　(a) 植物の窒素同化では，まず外界から NO_3^- が硝酸トランスポーターを介して細胞内に取込まれ，細胞内で NH_4^+ にまで還元される（⟶ で示した）．ついで生成した NH_4^+，あるいは外界からアンモニアトランスポーターを介して取込まれた NH_4^+ が，グルタミン酸やグルタミンとして同化される．グルタミンシンテターゼ（GS）は，細胞質型あるいは色素体型があり，色素体のグルタミン酸シンターゼ（GOGAT）と GS-GOGAT 回路を形成する（⟶ で示した）．(b) GS-GOGAT 回路における窒素の流れ．外界の NH_4^+ が回路に入り，まずはそれがグルタミンのアミド基に変換される．ついで，2-オキソグルタル酸が回路に入り，アミド基窒素の転移を受ける．その結果生じる 2 分子のグルタミン酸のうち，1 分子が回路外へ放出される．

植物では，このように無機窒素を窒素源としてグルタミン酸やグルタミンの合成が起こり，さらには他のアミノ酸種も含めたさまざまな有機窒素化合物の合成へと窒素同化が進む．

4・2・3 動物の窒素同化

　動物では，食物中のタンパク質がアミノ酸に分解され，そのアミノ酸を利用して**グルタミン酸**が合成される．つまり各種アミノ酸のアミノ基が，種々のアミノ基転移酵素のはたらきを受け，2-オキソグルタル酸に転移することでグルタミン酸が合成される．以下にアスパラギン酸トランスアミナーゼ[*]とアラニントランスアミナーゼの反応式を順に示す．

アスパラギン酸 ＋ 2-オキソグルタル酸 ⟶ オキサロ酢酸 ＋ グルタミン酸
　アラニン　　＋ 2-オキソグルタル酸 ⟶ 　ピルビン酸　＋ グルタミン酸

　グルタミンは，植物と同じく，グルタミンシンテターゼのはたらきでグルタミン酸から合成される．

　以上のように，動物は植物と異なり，無機窒素ではなくおもに食物中のアミノ酸を利用して窒素同化を進める．

＊ トランスアミナーゼは，アミノトランスフェラーゼ，アミノ基転移酵素ともよばれる．

5 遺伝情報と遺伝のしくみ

▶ 行動目標
1. 遺伝子について説明できる.
2. 核酸について説明できる.
3. 染色体の構造と役割を説明できる.
4. DNA の複製機構を説明できる.
5. セントラルドグマを説明できる.

地球上には，さまざまな姿や形と機能をもった生物が生存している．種はそれぞれに異なるが，すべての種が自身を正確に複製して，これまで子孫を残してきた．生物が子孫に自分と同じ，あるいは類似した特徴，すなわち形質を伝えるという現象を**遺伝**という．つまり，親は，子がもつべき形や性質を詳細に規定した遺伝情報を伝達しているのである．この遺伝情報は，親から子に受け継がれるだけではなく，細胞が分裂するときにも正確に細胞から細胞に受け継がれている．あらゆる生物において，この遺伝情報を担っているのが **DNA**（deoxy ribonucleic acid，**デオキシリボ核酸**）である．DNA がどのような物質なのか，また DNA はどのようにして細胞から細胞に受け継がれて遺伝情報を伝えているのか，この章で説明する．

5・1 遺伝情報：遺伝子とゲノム

5・1・1 塩基配列と遺伝情報の関わり

a. DNA の構造　DNA（デオキシリボ核酸）は核酸である．第2章で説明したように，DNA は2本の長い鎖からなるらせん構造をしており，2本の鎖は対になっている．それぞれの鎖は，4種類の**ヌクレオチド**が連なった構造をしている．ヌクレオチドは，五炭糖，リン酸，塩基からなる化合物である．DNA を構成するヌクレオチドは，五炭糖がデオキシリボースであるので，**デオキシリボヌクレオチド**という．五炭糖のデオキシリボースの 1′ 位に塩基，5′ 位にリン酸基が結合している．塩基は，プリン塩基とピリミジン塩基に大別され，プリン塩基である**アデニン**（adenine，A）と**グアニン**（guanine，G），ピリミジン塩基である**シトシン**（cytosine，C）と**チミン**（thymine，T）の4種類がある（図2・9を参照）.

DNA の鎖が伸長するとき，ヌクレオチドのデオキシリボースの 3′ ヒドロキシ基（−OH）と次のヌクレオチドのデオキシリボース 5′-三リン酸と反応し，二リン酸

が外れて結合する．この結合が**ホスホジエステル結合**で，連続的につながった糖リン酸主鎖を形成する．したがって，このようにつながったDNAの一方の末端には5′炭素に結合した三リン酸がそのまま残り，もう一方の末端には3′-OH基が残る．また，この主鎖から塩基が突き出している（図2・10を参照）．さらに，DNAは逆向きの2本のDNA鎖が対合した右巻きの二重らせんを形成しており，塩基は二重らせんの内側に配置されている（図5・1a）．一方のDNA鎖の塩基はもう一方のDNA鎖の塩基と，必ずAはTと，GはCと対をなして水素結合しており，これを塩基の**相補性**という．塩基対AとTの間には2本の水素結合，CとGの間には3本の水素結合が形成される（図5・1b）．この相補性のため，DNAの一方の鎖の塩基配列によってもう一方の鎖の塩基配列が決まるので，このような二本鎖はたがいに**相補鎖**であるという．

b. 塩 基 配 列　　DNAは糖，リン酸，塩基からなるヌクレオチドが連なった構造をしているが，このうち4種類の塩基（A，T，G，C）に着目して，塩基のみを1文字表記して並べて表したものを**塩基配列**という．生物の遺伝情報はその生物がもつDNAの塩基配列によって決まり，あらゆる生物の細胞がDNAの遺伝情報を利用して生存・増殖している．

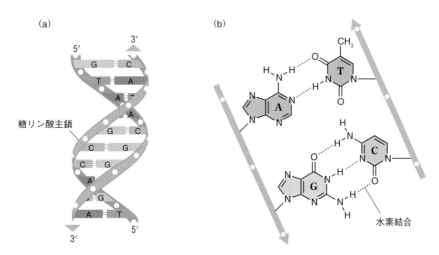

(a)

(b)

糖リン酸主鎖

水素結合

図5・1　DNAの構造　DNAは，ヌクレオチドがホスホジエステル結合で5′→3′方向につながり，糖リン酸主鎖から塩基（A，C，G，T）が突き出した構造をしている．（a）DNAは，逆方向の2本のDNA鎖からなり，塩基間の水素結合で相補的に会合した二重らせん構造をとる．（b）アデニンとチミンの間には二つ，グアニンとシトシンの間には三つの水素結合が形成される．

5・1・2 染色体とDNA

　真核細胞では，線状の非常に長い二本鎖DNA分子がコンパクトに染色体にまとめられて核内に収まっており，細胞分裂のたびに正確に複製されて2個の娘細胞に分けられる．染色体において，DNAは**ヒストン**というタンパク質に巻きついている．ヒストンにはH1，H2A，H2B，H3，H4の5種類があり，H2A，H2B，H3，H4がそれぞれ2個ずつ集まった球状のヒストン八量体にDNAが巻きついて**ヌクレオソーム**という構造を形成している．さらにこれがらせんをつくり，そして，コンパクトに折りたたまれて**クロマチン**構造をとる．クロマチン構造をとっているDNAは，ふだんは核内に広がっているが，細胞分裂の際には凝集し，**染色体**としてみることができる（図5・2）.

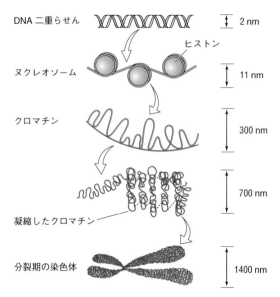

DNA 二重らせん　　　　　2 nm

　　　　　　　　　　ヒストン

ヌクレオソーム　　　　　11 nm

クロマチン　　　　　　　300 nm

　　　　　　　　　　　　700 nm

凝縮したクロマチン

分裂期の染色体　　　　1400 nm

　図5・2　染色体の構造　DNAは，ヒストンに巻きついてヌクレオソームをつくり，それが折りたたまれてクロマチンを形成し，さらにクロマチンが凝縮して染色体を形成している.

　クロマチン構造は，DNAをコンパクトに収納するためだけの構造ではなく，遺伝子の発現にも関わる．クロマチンには，大きく分けてユークロマチンとヘテロクロマチンの2種類がある．ユークロマチンは緩んだ構造をしていて，この領域では遺伝子の転写が活発に行われる．一方，ヘテロクロマチンは密に凝集した構造をし

ていて, この領域では遺伝子の転写はほとんど起こらない.

　ヒトの DNA は, 約 3.2×10^9 塩基対のヌクレオチドからなり, 23 種類（女性）あるいは 24 種類（男性, 女性にはない Y 染色体があるため）の染色体に分かれてそれぞれ折りたたまれて存在している. これを 1 セットだけもつ生殖細胞（精子や卵, 一倍体という）や, 成熟赤血球のように DNA をもたない特殊な細胞を除いて, ヒトの体細胞は, 通常 2 コピーずつ染色体をもっている（二倍体）. 一つは母親から一つは父親から受け継いだもので, これらをたがいに**相同染色体**という.

5・1・3　ゲノムと遺伝子

　細胞内にある 1 セットの DNA に含まれるすべての遺伝情報を, **ゲノム**という. 原核生物では, 通常一つの環状二本鎖 DNA があり, この DNA に含まれるすべての遺伝情報をゲノムという. 真核生物の場合は複数の染色体に分かれた DNA の遺伝情報をすべて合わせたものである.

　ゲノムのなかで特定のタンパク質や RNA 分子をつくるための情報を含んだ DNA を, **遺伝子**という. 遺伝子から RNA 分子がつくられ, その大部分はタンパク質をつくるための情報として使われるのだが, タンパク質に翻訳されず RNA 分子のままのものも多くみられる. これらの RNA 分子はタンパク質と同様に細胞内でさまざまな機能をもっている. ヒトのゲノムは約 30 億塩基対からなるが, そのなかには約 22,000 個の遺伝子がある. つまり, 膨大な DNA 全体の配列のなかで, 遺伝子の領域はごく一部である. ゲノムは, 遺伝子だけでなく, 遺伝子以外の領域も含めたすべての DNA 塩基配列をいう. また, 父親由来と母親由来の相同染色体上の同じ位置にある二つの遺伝子を**対立遺伝子**という. 対立遺伝子は対となる形質の発現に関わる（コラム 4 を参照）.

　これまで多くの生物のゲノム DNA 配列が明らかにされ, 遺伝子数もわかってきた. ゲノム全体の大きさは, 生物の種類によって大きく異なり, 一般的には生物が複雑になるほどゲノムも大きくなる. たとえば, ヒトのゲノムは大腸菌のおよそ 700 倍の大きさがある. しかし, 遺伝子数をみると大腸菌は約 4300 個で, ヒトの遺伝子数は大腸菌の 5 倍程度にすぎない. ヒトではタンパク質をコードする遺伝子数は約 22,000 個程度であるが, そのほかにタンパク質をつくらない RNA のための遺伝子も多い. また, ヒトを含めた真核生物では一つの遺伝子からアミノ酸配列の異なる数種類のタンパク質を合成することができるので, 実は 10 万種類を超えるタンパク質をつくれると推定されている.

コラム 4　遺伝の基本的なしくみ

　親から子へと形質が受け継がれること
は古くから認識されてはいたが，受け継
がれるしくみの研究は，Gregor Johann
Mendel の発見によって始まる．ウィー
ン大学で物理学や数学，植物学を学んだ
修道士 Mendel は，修道院の庭でエンド
ウを実験材料に，数学を使った新しい方
法を用いて遺伝の基本的なしくみを見い
だした．

　1. エンドウの交配実験　Mendel
はエンドウの種子には丸い形としわのあ
る形があり，たがいに対をなす形質（**対
立形質**）であることに注目して交配さ
せ，ある法則性をもって雑種が生じるこ
とを発見した．まず種子の丸形としわ形
を親（P）としてかけ合わせると，子（雑
種第一代：F_1）はすべて丸形になった．
さらにこの丸形を自家受精するとできた
孫（雑種第二代：F_2）は丸形が 5474 個,
しわ形が 1850 個であり，その比は，丸
形：しわ形＝2.96：1 だった．他の形質
（さやの形や種子の色など）についても同
様な計算を繰返した結果，孫（F_2）におけ
る遺伝形質が現れる確率は 3：1 だった．

　Mendel は種子の細胞には種子を丸形
にする物質，あるいはしわ形にする物質
がそれぞれあると考え，これを**遺伝因子**
とよび，記号を使って表した．丸形の種
子をつくる遺伝因子を A, しわ形の種子
をつくるものを a とし，それぞれ細胞内
に二つあると考えた．つまり丸形を AA

と表し，しわ形を aa と表した．Mendel
は交配前の配偶子形成で細胞内の遺伝因
子は，配偶子には一つずつ分配されると
考えた．そのため，丸形としわ形を親
（P）としてかけ合わせると，子（雑種
第一代：F_1）は Aa と表すことができる．
しかし F_1 はすべて丸形となった．そこ
で Mendel は遺伝子の表現に強弱がある
と考えた．つまり F_1 で表面に出ている
丸形の形質をメンデルは**顕性**（**優性**）と
定義した（顕性効果）．表面に出てこな
いしわ形の形質を**潜性**（**劣性**）とよんだ.
F_1 どうしの交配で得られる F_2 の遺伝子
は AA：Aa：aa＝1：2：1 となり，形質は
丸形：しわ形＝3：1 となる（図 5・A）．

　2. 三つの遺伝法則　Mendel が考
えた遺伝因子はのちに，**遺伝子**と名付け
られる．メンデルは細胞中に遺伝因子が

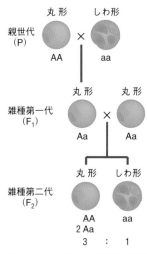

図 5・A　交配による形質の発現

二つあるとしたが，これは現在の理解では**相同染色体**上の遺伝子に一致している．生物は細胞中に各遺伝子を二つずつもっており，一つは父方，もう一つは母方から受け継いだもので，**対立遺伝子**という．対立遺伝子は配偶子に均等に配分され，これを**分離の法則**という．さらにMendel は発見した**顕性形質，潜性形質**には，それを決める因子はそれぞれ**顕性遺伝子，潜性遺伝子**であり，遺伝子に優劣があり，その組合わせで表現型が決定すると考えた．これがのちの**顕性の法則**（優性の法則）である．この法則には例外が多くみられることが現在では明らかになっている．

　Mendel はさらに，二つの対立形質に注目して実験も行った．エンドウの種子には丸形としわ形があるが，種子の色には黄色と緑色がある．Mendel はこの2組の対立形質を決める遺伝因子，つまり対立遺伝子がどのように遺伝するのか実験を行った．黄色の遺伝子を B，緑色の遺伝子を b とし，黄-丸形（AABB）と緑-しわ形（aabb）を親（P）としてかけ合わせると，子（F$_1$）はすべて黄-丸（AaBb）だった．この F$_1$ の自家受精で得られる孫（F$_2$）は黄-丸，黄-しわ，緑-丸，緑-しわができ，その比率は9：3：3：1であった（図5・B）．この結果より，Mendel は対立遺伝子がそれぞれ独立して遺伝することを発見した．これはのちに**独立の法則**とよばれる．

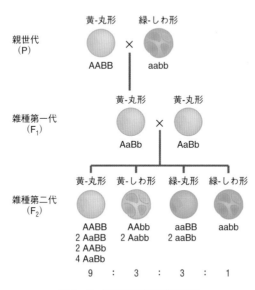

図5・B　遺伝子雑種の交配実験

コラム5　ヒトゲノム塩基配列からみる個性と病気

　すべてのヒトが同じ塩基配列のゲノムをもっているわけではない. 複数のヒトのゲノムの塩基配列を比較すると, 塩基配列の99.9%は共通であるが, 残りの0.1%には違いがある. ゲノムの同じ部位に異なる塩基配列が2通り以上あり, どれも多く存在する場合, これを**多型**という. 多型のうち最も多いのは一つの塩基だけが異なっているものであり, これを**一塩基多型**（single nucleotide polymorphism, **SNP**）という. ヒトゲノムにはSNPが1000万箇所以上あると推定されており, このわずかな塩基配列の違いが, 私達の外見や体質などの個性に関係している場合がある. ほとんどのSNPは正常な発育や機能には大きく影響しないが, DNAの塩基配列のわずかな違いが病気の発生につながることも多く, その場合は病気の原因となる遺伝子変異となる.

　たとえば鎌状赤血球症では, ヘモグロビン遺伝子の塩基配列が一箇所変異している. 鎌状赤血球ヘモグロビンではアミノ酸が一つグルタミン酸からバリンに置換されており, そのため, 赤血球が鎌状に変形して酸素運搬機能が低下し, 貧血をひき起こしている.

　そのほかには, 薬の効果や副作用にも関連するSNPが明らかになっており, SNPと病気やその治療法との関連についての研究が進められている.

5・2　遺伝情報の複製

5・2・1　半保存的複製

　細胞が分裂するときには, 一つの親細胞（分裂前の細胞）からまったく同じDNAをもった二つの娘細胞（分裂後の細胞）ができる（細胞分裂については第6章を参照）. そのために, 親細胞は, 分裂する前にあらかじめもっているDNAを2倍にする. つまり, 細胞分裂に先立って, DNAをまず**複製**する. DNAを複製するためには, 二本鎖DNAを一本ずつにほどき, それぞれの鎖の塩基配列を鋳型として, 相補的な塩基配列をもつDNA鎖を新たに合成する. こうしてできたDNA二本鎖のうちの片方は鋳型になった鎖なので, このような複製のしくみを**半保存的複製**という. 半保存的複製は, あらゆる生物に共通してみられる.

5・2・2　複製フォーク

　DNAを複製するとき, 原核生物では複製が開始される場所は**複製開始点**（*ori,*

origin of replication）とよばれる 1 箇所だけだが，真核細胞ではゲノムのサイズが大きいため複数の複製開始点が存在しており，それぞれから並行して複製が始まる．複製開始点には **DNA ヘリカーゼ**が結合し，DNA ヘリカーゼは塩基対間の水素結合を切断して DNA 二本鎖をほどきながら進む．この二本鎖の分岐した部位を，**複製フォーク**という．複製フォークでは，まずプライマーゼという DNA を鋳型にして RNA を合成する酵素が，親鎖 DNA の塩基配列に相補的な配列をもつ **RNA プライマー**（5〜10 ヌクレオチド）を合成する．次に **DNA ポリメラーゼ**が，この RNA プライマーを起点にして娘鎖 DNA を伸長していく（図 5・3）．

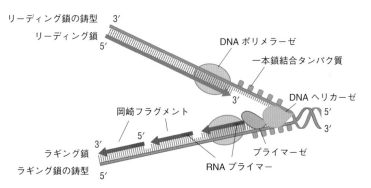

図 5・3　DNA の複製　DNA ヘリカーゼが親鎖 DNA を開き，一本鎖結合タンパク質が DNA 鎖を開いた状態にすることにより，プライマーゼや DNA ポリメラーゼが結合しやすくしている．2 分子のポリメラーゼが，親鎖の塩基配列に相補的な娘鎖を合成する．ラギング鎖では，不連続な岡崎フラグメントとして合成される．

　DNA ポリメラーゼは 5′→3′ 方向にしか DNA を合成できないが，DNA の二本鎖はたがいに逆向きなので，一方の娘鎖の合成方向ともう一方の娘鎖の合成方向は逆向きになる．そのため，娘鎖のうち一方は，複製フォークが進むのと同じ方向に，3′→5′ 方向の親鎖を鋳型にして 5′ から 3′ 方向に，DNA ポリメラーゼが連続的に娘鎖を合成することができる．この場合の娘鎖を**リーディング鎖**という（図5・3）．これに対して，もう一方の娘鎖（**ラギング鎖**という）は，複製フォークの進行方向と逆向きに，5′→3′ 方向の親鎖を鋳型にして 3′→5′ 方向に合成しなければならない．この場合も，複製フォークが進み親鎖がほどかれていくと，プライマーゼが RNA プライマーを合成し，つづいて DNA ポリメラーゼが娘鎖を合成するが，さらに複製フォークが進むと再びこの反応が繰返される．そのため，短い DNA 鎖が不連続に合成される．この短い DNA 鎖は，発見者である岡崎令治の名

前から**岡崎フラグメント**とよばれる．DNA ポリメラーゼによる DNA 合成が進み，すでに利用された RNA プライマーの位置までくると，そのプライマーは分解されて DNA に置き換えられる．そして最後に DNA リガーゼが岡崎フラグメントどうしの隙間を結合していく．

5・2・3　複製の開始と終了

　ほとんどの原核細胞のゲノムは 1 個の環状の DNA からなり，複製開始点は 1 箇所で，細胞増殖の際にはそこから複製が開始される．複製は，複製開始点から両側に進んでいき，2 個の環状の DNA ができると終了する．真核細胞のゲノムは，複数の線状の DNA に分かれているが，それぞれの DNA のサイズが大きいため，複製は複数の開始点から並行して進められる．複製開始点から両側に複製が進み，それぞれがつながって二つの DNA ができると，分離して複製が終了する．

5・2・4　DNA 合成の正確さ

　複製において，鋳型鎖の塩基配列に相補的な塩基が正確に対合することが必要である．鋳型 DNA 鎖の塩基 A には T が，塩基 G には C が相補的に対合する．A–T，

コラム 6　DNA の損傷と修復

　DNA の塩基配列が変化するのは複製のときだけではなく，ある種の化学物質や紫外線，放射線によっても，DNA はつねに損傷を受けている．しかし，ほとんどはすぐに修復されるので，損傷は一時的に存在するだけである．この反応を**DNA 修復**といい，すべての生物は，DNA の塩基配列を維持するために，その機構をそなえている．その一つとして，紫外線による DNA 損傷の修復がある．ある波長の紫外線は，塩基配列のなかの隣接する 2 個の T（チミン）を結合させて DNA に損傷を起こす．このとき，DNA 修復を行う酵素が，損傷したヌクレオチドを見つけ出し，損傷部位を含んだ数塩基を切断して除去する．次に DNA ポリメラーゼが相補的な塩基をこの部位に結合させ，最後に DNA リガーゼがこれを既存の鎖と連結させることにより，**ヌクレオチド除去修復**が行われる．DNA 修復にはこれ以外にも複数の方法があるが，修復機構に関係している遺伝子に異常があると，遺伝病が発症する．たとえば遺伝性疾患の色素性乾皮症では，紫外線によって生じた DNA の損傷を治すことができず，日光を浴びた皮膚細胞の DNA に障害が蓄積して遺伝子変異が生じて，皮膚がんを発症する．

G-C 塩基対の安定性は非常に高いが，まれに A-C や G-T の塩基対が形成されることもある．このような間違いがゲノム DNA に放置されると変異が蓄積されることになるが，実際にはそうはならない．それは，DNA ポリメラーゼには特殊な機能があるからである．まず，DNA ポリメラーゼは，伸長中の DNA 鎖に付加するヌクレオチドと鋳型鎖の塩基対形成を確認して，正しい場合にしか付加しない．またたまに正しくないヌクレオチドを誤って付加する場合があっても，DNA ポリメラーゼは，**校正機能**で修正を行うことができる．これは，伸長中の DNA 鎖に新しいヌクレオチドを付加するときに，一つ前のヌクレオチドが正しく塩基対を形成しているかを確認し，正しくなければ間違ったヌクレオチドを取除いて合成をやり直す機能である．これらのしくみがあるため，複製における DNA ポリメラーゼのはたらきは非常に正確で，複製の誤りは約 10 億（10^9）塩基対に 1 回程度しか起こらない．

5・3 遺伝子の発現

DNA は生物の遺伝情報を伝える物質であり，私たちの体を構成したり，酵素としてはたらくタンパク質をつくるための情報をのせている．この DNA のもつ遺伝情報をもとにタンパク質が合成されることを**遺伝子の発現**という．ここでは遺伝子の発現のしくみを説明する．

5・3・1 セントラルドグマ

遺伝子の塩基配列がもっている遺伝情報とは，タンパク質のアミノ酸配列の情報である．その遺伝情報は，DNA を鋳型として合成される mRNA（後述）の塩基配列として写され，その情報によって特定のアミノ酸配列のタンパク質が合成される．DNA の遺伝情報は mRNA を介してタンパク質のアミノ酸へと一方向に伝わるという概念は，**セントラルドグマ**（図5・4）とよばれ，DNA 二重らせん構造を発見した Francis Crick によって最初に提唱された．

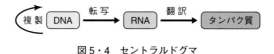

図5・4　セントラルドグマ

DNA を鋳型に mRNA を合成することを**転写**といい，mRNA の塩基配列をもとに特定のアミノ酸配列のポリペプチドを合成することを**翻訳**という．

　セントラルドグマの概念は全生物に共通のものである．ほとんどすべての生物や
ウイルスは遺伝物質として DNA をもっているが，レトロウイルスの遺伝物質
は RNA である．レトロウイルスは，宿主の細胞に感染後，自身の RNA を鋳型と
して**相補的な DNA**（相補 DNA，**cDNA**：complementary DNA）鎖を合成する
逆転写を行う．この cDNA は，宿主の染色体 DNA に取込まれる．そして，宿主
細胞で転写が行われることによりウイルスの RNA が合成され，宿主細胞内でウイ
ルスがつくられ，他の細胞にウイルスが感染していく．このように，DNA から
RNA への一方向だけではなく，RNA から DNA への逆方向も存在している．現在
では，逆転写は，レトロウイルスだけではなく，ヒトを含む多くの生物でも染色体
の末端にある**テロメア**という構造を保持する際にも使われていることが知られてい
る．

5・3・2　RNA の構造と種類

　転写によって DNA の塩基配列にある遺伝情報が RNA の塩基配列として写し取
られることを前節で述べた．RNA（ribonucleic acid，**リボ核酸**）は，DNA とは異
なり五炭糖としてリボースをもつリボヌクレオチドからなる（表5・1）．

表5・1　**RNA と DNA の構成成分の違い**　RNA の糖は
DNA のデオキシリボースと異なりリボースである．
RNA の塩基は DNA のチミン（T）の代わりにウラシル
（U）が含まれる．

	糖の違い	塩基の違い
RNA	リボース	ウラシル（U）
DNA	デオキシリボース	チミン（T）

　RNA も DNA と同じように4種類の塩基をもつが，アデニン（A），グアニン
（G），シトシン（C）と，DNA のチミン（T）の代わりに**ウラシル**（U）が含まれ

る．UもTと同様にAと水素結合して塩基対をつくるので，RNAはDNAと相補
的な塩基対を形成する．さらに，通常DNAは二本鎖として存在しているが，RNA
は一本鎖として存在している（図5・5）．

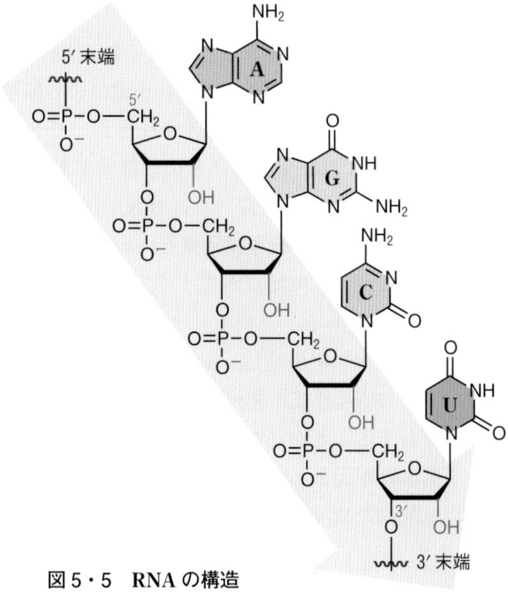

図5・5　RNAの構造

　DNAの遺伝子の大部分はタンパク質のアミノ酸配列を規定しており，遺伝子の
塩基配列が転写されたRNAは，**メッセンジャーRNA（mRNA，伝令RNA）**とい
う．細胞内の量としては，すべてのmRNAを合わせてもRNA全体の1%程度であ
る．mRNA以外のRNAは，細胞内でさまざまな機能を担っている．**リボソーム
RNA（rRNA）**は，mRNAをタンパク質に翻訳するリボソームの構成要素であり，
たくさんのタンパク質と複合体を形成し，触媒活性に関与している．**トランス
ファーRNA（tRNA，運搬RNA）**は，タンパク質合成の際に，特定のアミノ酸を
結合してリボソームへ運び，タンパク質に取込ませるはたらきをする．それぞれの
tRNAは，結合するアミノ酸が決まっている．tRNAの種類は40から50種類くら
いあり，長さは100ヌクレオチド以下である．多数のmRNAに対応してタンパク
質合成にはたらくために，tRNAやrRNAは大量に合成されており，細胞内のRNA
の95%はrRNAである．

5・3・3　遺伝子の転写制御

　私たちの細胞には，成熟した赤血球など一部の例外を除いて，すべて同じ DNA が存在している．にもかかわらず，生体内には神経細胞や筋肉，骨の細胞などさまざまな種類の細胞が存在しており，それぞれ発現しているタンパク質の種類が異なる．なぜこのような違いが生じるのだろうか．細胞がどの RNA やタンパク質をつくるかは，おもに転写開始段階で決まる．どの遺伝子を RNA に転写するかを決定するしくみは，生体において特に重要であり，これを遺伝子の**転写制御**という．

　大腸菌は，1 種類の RNA ポリメラーゼ（RNA 合成酵素）で RNA を合成するが，真核生物の RNA ポリメラーゼには，Ⅰ，Ⅱ，Ⅲの 3 種類がある．RNA ポリメラーゼ Ⅰ はおもに rRNA 合成，Ⅱ は mRNA 合成，Ⅲ は tRNA 合成を行う．

　転写が開始される DNA 上の部位を**転写開始点**といい，転写が終わる部位を**転写終結点**という．各遺伝子には，転写開始点からすぐ上流に，特別な塩基配列をもつ**プロモーター**とよばれる領域がある．プロモーターの重要なはたらきは，RNA ポリメラーゼが結合する位置と向きを決定し，転写を開始させることである．真核生物の RNA ポリメラーゼは，RNA 合成の開始点からすぐ上流の特別な塩基配列をもつプロモーター領域に結合することが必要であるが，単独では結合することができない．そのため，まず**基本転写因子**という転写を促進するタンパク質が TATA ボックスなどの特徴的な塩基配列を認識してプロモーター上に集まり，さらに他の因子

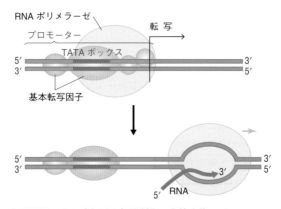

図 5・6　転写因子による遺伝子の転写制御　真核生物のプロモーターには基本転写因子が結合する塩基配列（TATA ボックス）が存在しており，基本転写因子が結合すると，それを目印に基本転写因子群と RNA ポリメラーゼがプロモーターに結合する．転写開始部位の DNA 二本鎖が離れ，鋳型鎖が露出する．RNA ポリメラーゼがリン酸化されると，RNA ポリメラーゼは基本転写因子から離れ転写が開始され，RNA を 5′ 末端から 3′ 末端の方向に伸長していく．

とRNAポリメラーゼを正しい位置に結合させ，**転写開始複合体**を形成する．プロモーターに結合したRNAポリメラーゼは，DNAの二本鎖をほどきながらリボヌクレオチドを連結させて5′→3′方向にRNA鎖を合成し，転写を行っていく（図5・6）．遺伝子の転写制御は，プロモーターの塩基配列と結合する転写因子の種類によって決定される．

原核生物では，複数種類の σ因子（シグマ）とよばれるタンパク質が，特定のプロモーターへのRNAポリメラーゼの結合を促す．

5・3・4 転写のしくみ

転写によってDNAの塩基配列情報がRNAに写し取られる．DNAの二本鎖のうち，RNAの鋳型になる鎖を**アンチセンス鎖**，その相補鎖のことを**センス鎖**という．センス鎖のTをUに変えればmRNAと同じ塩基配列になる．DNAの二本鎖のうちどちらがセンス鎖になるかは，遺伝子によってそれぞれ異なり，プロモーターにより決まる．

転写では，まずDNAの二本鎖の一部分がほどけ，両方の鎖の塩基を露出させる．露出した2本の鎖の一方がRNAの鋳型（アンチセンス鎖）となり，相補的な塩基対が形成されるように一つずつリボヌクレオチドが取込まれてRNA鎖が伸びていく．リボヌクレオチドが鋳型DNAと塩基対をつくると，**RNAポリメラーゼ**がRNA鎖にリボヌクレオチドをホスホジエステル結合でつなぐ．このとき，RNAポリメラーゼは，DNAの二重らせんをほどきながら鋳型DNA鎖の3′→5′方向に進み，鋳型に相補的なRNAを5′→3′方向にリボヌクレオチドを1個ずつ伸ばしていく（図5・6）．RNAポリメラーゼは，DNAポリメラーゼと同様に，5′→3′の一方向にしかRNA鎖を伸長することができない．合成途中のRNA鎖は，リボヌクレオチドが付加されるとすぐにDNA鎖から離れて一本鎖になる．そのため，最初のRNA分子が完成する前に次のRNA分子が同時進行的に合成され始めるので，1個の遺伝子から同一のRNAが，短時間に多くつくられる．さらにRNA分子からも同一のタンパク質分子が同時進行で多数合成されるので，必要なときに大量のタンパク質をつくることができる．

5・3・5 真核細胞のmRNAは核で加工される

a. 真核生物 真核細胞の転写は核で行われるが，タンパク質合成は細胞質や粗面小胞体にあるリボソームで行われる．そのためRNAは核から運び出されるが，その前に，RNAの種類に応じて異なった**RNAプロセシング**とよばれる以下

の処理を受ける.

❶ RNA キャップ形成, ポリアデニル化: mRNA 分子になる転写産物だけに行われるプロセシングは, **RNA キャップ形成**と**ポリアデニル化**である. RNA キャップ形成では, 転写産物の 5′ 末端にメチル基をもつグアニンが付加される. mRNA は, キャップに結合する特殊なタンパク質を介してリボソームと結合する. ポリアデニル化では, 転写された mRNA の 3′ 末端にアデニンの反復配列が付加される (図 5・7). RNA キャップ形成とポリアデニル化は mRNA を安定して核から細胞質に運ぶとともに, mRNA として認識されるために必要である.

❷ RNA スプライシング: mRNA として機能するには, さらなる大幅なプロセシングが必要である. 真核生物のほとんどの遺伝子でみられる特徴として, 遺伝子は, アミノ酸配列を指定する翻訳領域が, 翻訳されない長い非翻訳領域で分断されている. 翻訳領域は**エキソン**(発現配列), 非翻訳領域は**イントロン**(介在配列)という (図 5・7). ほとんどのエキソンはイントロンよりも短く, 遺伝子の一部を占めるにすぎない. 真核生物の転写では, まずエキソンもイントロンも合わせて遺伝子全体が RNA に転写される. RNA ポリメラーゼによって転写が行われている最中に, 5′ 末端に RNA キャッピングが形成され, さらに合成された RNA からイントロンが切り出されてエキソンがつなぎ合わされる **RNA スプライシング**が行われ

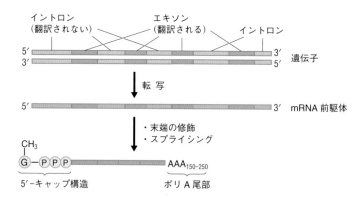

図 5・7 RNA スプライシング 真核生物の mRNA 前駆体分子には 5′ 末端にキャップ構造, 3′ 末端にポリ A 尾部が結合する. 真核生物のほとんどの遺伝子には翻訳領域 (エキソン) と非翻訳領域 (イントロン) が存在しており, まず遺伝子全体が転写され, 5′ 末端にキャップ構造が形成されたのちに RNA スプライシングによって新生 RNA からイントロンを取除き, エキソンをつなぎ合わせる. また, 3′ 末端にポリ A 尾部が結合する. スプライシング, および 5′ 末端と 3′ 末端の修飾が終わった転写産物は, mRNA として核から運び出される.

る．このようにして，エキソンの塩基配列がつながり，mRNAとしてアミノ酸配
列を指定するタンパク質の設計図となる．また，スプライシングのときに，一部の
エキソンがイントロンとともに選択的に取除かれる**選択的スプライシング**（図5・
8）が行われることがある．これによって，一つの遺伝子から多数の異なるタンパ
ク質をつくることができる．そのため，ヒトの遺伝子は約2万個しかないにもかか
わらず，約10万種類のタンパク質をつくることができるのである．

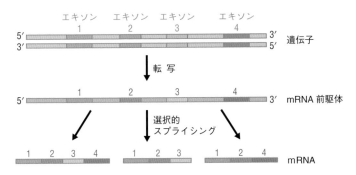

図5・8 選択的スプライシング　選択的スプライシングでは，イントロンと
ともに一部のエキソンが取除かれる．

b. 原核生物　　原核生物では，同じ機能に関わる複数の遺伝子がDNA上にま
とまって**オペロン**を形成していることがしばしばある．オペロンは，プロモーター
（**オペレーター**という）から複数の遺伝子が一度にまとめて転写されて1本の
mRNA分子がつくられるしくみのことである．このようなmRNAを，**ポリシスト
ロニックmRNA**という．このようにオペロンでは，一つの転写調節領域によって
複数の遺伝子全体を一つの単位として発現が調節される．たとえば，ラクトースを
栄養源として使用するためのラクトースオペロンでは，ラクトースを加水分解する
酵素やラクトースを細胞内に輸送するタンパク質の遺伝子がつながって1本の
mRNAとして転写される．このように，原核生物では一般に多数の遺伝子がオペ
ロンを形成している．また，原核生物のmRNA分子は，ポリメラーゼによって転
写されたままで，5′末端のRNAキャップ形成や3′末端のポリアデニル化を受けな
いし，イントロンももたない．

5・3・6 RNAを翻訳してタンパク質へ: 遺伝暗号
　　DNAのもつ遺伝情報は，mRNAの塩基配列に転写され，mRNAのもつ塩基配列
が翻訳されてアミノ酸の配列に変えられる．タンパク質に含まれるアミノ酸は20

種類あるが，これを 4 種類の塩基による暗号で指定する．**遺伝暗号**は，アミノ酸を指定する mRNA の塩基配列であり，特定の 3 個の塩基の配列である**コドン**が一つのアミノ酸に対応する．3 個の塩基の並びは 64（4^3）通りあり，そのうちの 61 通りのコドンが 20 種類のアミノ酸のいずれかに対応する（表 5・2）．たとえば，AUG はメチオニンに対応する唯一のコドンである．AUG は，タンパク質合成の開始に対応するコドンでもあるので，**開始コドン**とよばれる．開始コドンから始まる 3 個ずつの塩基が，コドンとして特定のアミノ酸を指定していく．64 通りのコドンのうち残る 3 通り（UAA，UAG，UGA）は，対応するアミノ酸がなく，そこで翻訳が終了しタンパク質合成が終了するので，**終止コドン**とよばれる．

表 5・2 遺伝暗号　mRNA の遺伝情報は，ウラシル（U），シトシン（C），アデニン（A），グアニン（G）の 3 文字単位（コドン）で表記される．コドンと翻訳されるアミノ酸との対応を示したのがコドン表である．1 文字目は左の列，2 文字目は上の列，3 文字目は右の列に対応する．

1 文字目 （5′ 末端側）	2 文字目				3 文字目 （3′ 末端側）
	U	C	A	G	
U	UUU UUC Phe / UUA UUG Leu	UCU UCC UCA UCG Ser	UAU UAC Tyr / UAA 終止 / UAG 終止	UGU UGC Cys / UGA 終止 / UGG Trp	U C A G
C	CUU CUC CUA CUG Leu	CCU CCC CCA CCG Pro	CAU CAC His / CAA CAG Gln	CGU CGC CGA CGG Arg	U C A G
A	AUU AUC Ile / AUA Met / AUG（開始）	ACU ACC ACA ACG Thr	AAU AAC Asn / AAA AAG Lys	AGU AGC Ser / AGA AGG Arg	U C A G
G	GUU GUC GUA GUG Val	GCU GCC GCA GCG Ala	GAU GAC Asp / GAA GAG Glu	GGU GGC GGA GGG Gly	U C A G

5・3・7 タンパク質合成の材料と場所

a. tRNA の構造　　mRNA 分子のコドンは，直接アミノ酸と結合するわけではなく，アダプター分子が必要である．このアダプター分子が，**トランスファーRNA**（tRNA）とよばれる約 80 個のヌクレオチドからなる小さな RNA であるが，

分子内で塩基どうしが水素結合で対合するすることにより二次構造をつくり，さらに折りたたまれて立体構造を形成する（図5・9）．tRNAにはアンチコドンループとよばれる領域があり，mRNA上のコドンと相補的に結合するアンチコドン配列をもつ．また，tRNAの3′末端の短い一本鎖領域に，コドンに対応するアミノ酸が共有結合する．各アミノ酸を正しく認識してそれに対応するアンチコドンをもつtRNAに結合させるのは，**アミノアシルtRNA合成酵素**である．ほとんどの生物でアミノ酸ごとに異なる合成酵素をもつ．この酵素は，アンチコドンとアミノ酸結合部位にある特異的なヌクレオチドを目印にしてtRNAを区別している．たとえば，ある酵素は，フェニルアラニンのコドンを認識するtRNAにフェニルアラニンを結合させる．tRNAとアミノ酸の結合はATPの加水分解と共役した反応で行われ，tRNAとアミノ酸との間には高エネルギー結合ができる．

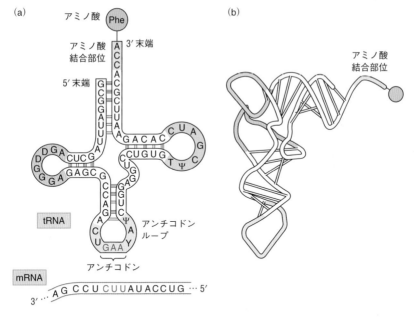

図5・9 tRNAはアミノ酸を運びコドンに結合する （a）クローバーの葉のモデルでは，相補的な塩基対が示されている．tRNAには，mRNAと塩基対を形成するヌクレオチド3個の配列アンチコドンがあり，また，3′末端にはコドンに適応したアミノ酸の結合部位があり，アミノ酸が結合している．tRNAには特殊な塩基が含まれており，Dはジヒドロウリジン，Ψはプソイドウリジンで，どちらもウリジンに類似した修飾塩基である．（b）tRNAの三次元モデル．色付きの部分は（a）の同色の部分に対応する．

b. リボソーム　　mRNA を正確かつ迅速にタンパク質に翻訳するためには，mRNA 上を移動しながらコドンに相補的な tRNA 分子を正確に対合させ，tRNA に結合したアミノ酸を共有結合で連結してタンパク質を合成することが必要である．それを行うのが**リボソーム**である．リボソームは，数十種類のリボソームタンパク質と数種類の**リボソーム RNA**（rRNA）からなる大型の複合体であり，このうちタンパク質合成を触媒するのは rRNA である．このような触媒活性をもつ RNA 分子を**リボザイム**という．真核細胞の細胞質には，数百万個のリボソームがある．

　真核生物と原核生物のリボソームは似ており，どちらも大サブユニット 1 個と小サブユニット 1 個からなる．小サブユニットは tRNA を mRNA のコドンに対合させ，大サブユニットはアミノ酸間のペプチド結合を形成してポリペプチド鎖をつくる．大小のサブユニットが，mRNA の 5′ 末端側で mRNA をはさんで結合し，タンパク質合成を始める．リボソームは，mRNA 上を移動しながら，コドンの情報に従ってアミノ酸をつなげていく．リボソームには，mRNA 結合部位が 1 箇所，A 部位，P 部位，E 部位とよばれる tRNA 結合部位が 3 箇所ある（図 5・10）．

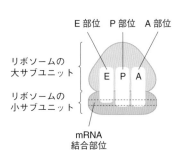

図 5・10　リボソームの構造　リボソームは，大サブユニットと小サブユニットからなり，mRNA 結合部位が 1 箇所と，tRNA が結合する部位が三ある．この三つの部位を tRNA が順次移動する．A 部位ではアミノ酸を結合した tRNA，P 部位では合成中のポリペプチドを結合した tRNA が，アンチコドンにより mRNA 上のコドンと相補的に対合しており，A 部位の tRNA 上のアミノ酸に P 部位の tRNA 上からポリペプチド鎖が転移されたあと，ポリペプチドが外れた tRNA が E 部位に移動して離れていく．

E 部位　P 部位　A 部位

リボソームの
大サブユニット

リボソームの
小サブユニット

mRNA
結合部位

5・3・8　タンパク質合成のしくみ

　真核生物・原核生物のいずれにおいても，mRNA の翻訳は開始コドン AUG から始まる．そのためには**開始 tRNA** という特別な tRNA が必要である．これはメチオニンを運ぶ tRNA である．大腸菌などの原核生物では，最初のメチオニンは *N*-ホルミルメチオニンであるが，すぐに脱ホルミル化される．以下に，真核生物と原核生物の翻訳のしくみを述べる．

a. 真核生物　　開始 tRNA は，**翻訳開始因子**と一緒に小サブユニットの P 部位と結合する（図 5・11）．この開始 tRNA と結合した小サブユニットが mRNA 上

① 開始 tRNA が P 部位に結合した小サブユニットが，mRNA に結合する

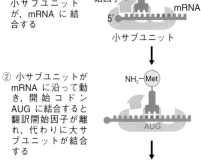

② 小サブユニットが mRNA に沿って動き，開始コドン AUG に結合すると翻訳開始因子が離れ，代わりに大サブユニットが結合する

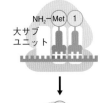

③ 次のコドンに対応する tRNA が A 部位に結合する

④ メチオニンが tRNA から外れて，A 部位のアミノ酸とペプチド結合する

⑤ 大サブユニットが動いて小サブユニットに対してずれる．これにより，メチオニンを離した tRNA は E 部位に，合成されたペプチドを結合する tRNA は P 部位に移動する

⑥ 小サブユニットが移動して元の位置に戻り，E 部位の tRNA がリボソームから外れる

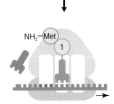

⑦ A 部位に次のコドンに対応するアミノ酸を結合した tRNA が結合する

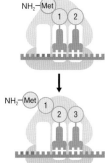

⑧ ③〜⑦ を繰返して mRNA が 5′ から 3′ 方向に翻訳される

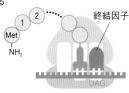

⑨ 終止コドンの手前まで翻訳が進み，終止コドンに終結因子が結合する

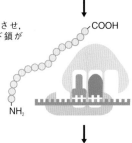

⑩ 翻訳を終了させ，ポリペプチド鎖が放出される

⑪ リボソームが解離する

図 5・11 翻 訳

を移動して 5′-キャップ構造を目印に最初の AUG を探して結合すると，翻訳開始因子の一部が離れ，大サブユニットが結合してリボソームが完成する．開始 tRNA は P 部位に結合しており，アミノ酸を結合した次の tRNA が A 部位に結合すればタンパク質合成が開始される．この tRNA のアミノ酸に隣の P 部位にある tRNA と結合しているメチオニンが転移して結合し，最初のペプチド結合が形成される．次にリボソームの大サブユニットが横にずれて，空になった tRNA が P 部位から E 部位に，ペプチドを結合した tRNA が A 部位から P 部位に移動する．E 部位に移動した tRNA は外れて押し出される．このように，tRNA が A 部位から P 部位，そして E 部位へと移動する反応を 1 回行うことによって，ポリペプチド鎖にアミノ酸が 1 個ずつ結合されていく．

　mRNA のアミノ酸配列情報の末端には**終止コドン**がある（表5・2）．終止コドン（UAA，UAG，UGA）は tRNA に認識されず，アミノ酸が運び込まれない．その代わり**終結因子**とよばれるタンパク質が結合し，mRNA の翻訳を終了させる．ポリペプチド鎖は tRNA から離れ，リボソームは mRNA と tRNA を解離し，二つのサブユニットも解離する（図5・11）．そして，また別の mRNA 分子上で会合して新たな mRNA の翻訳を始める．

　b. 原核生物　　原核生物においても，翻訳は開始コドンである AUG から始まるが，この翻訳開始点から数塩基上流（5′ 末端側）に存在するリボソーム結合配列（SD 配列）にリボソームが結合して翻訳を開始する．そのため原核生物では，mRNA の中央部であっても，そこに開始コドンとその上流のリボソーム結合配列があれば，そこにリボソームが結合して翻訳を開始することができる．このことにより，ポリシストロニックな 1 本の mRNA から複数のタンパク質を合成することができる．また，原核生物には核がなくスプライシングも行われないので，遺伝子から mRNA が転写されている最中にリボソームが結合し，翻訳が始まる．

6 遺伝情報の分配，生殖と発生

▶ 行動目標
1. 真核細胞の細胞分裂の流れを説明できる
2. 細胞周期の流れと調節のしくみを説明することができる
3. 動物の受精過程を説明できる
4. ウニの発生過程を説明できる
5. ショウジョウバエ初期発生時の体節形成における遺伝子発現の
   概要を説明できる

すべての生物が生きる過程において，細胞は分裂を繰返している．生物が次の世代の個体を生み出したり，生物個体自身が発生・成長するためには細胞分裂が不可欠である．§6・1ではこの細胞分裂のしくみについて説明する．また，細胞分裂と関連して，生物が次世代の個体を生み出すしくみ（生殖）と受精卵から個体ができあがるしくみ（発生）についても§6・2で見ていく．

6・1 細胞分裂と細胞周期

細胞分裂とは，1個の細胞が分裂して2個以上の独立した細胞になることであり，この過程で起こる一連の事象およびその周期を**細胞周期**という．細胞分裂には**体細胞分裂**と**減数分裂**がある．体細胞分裂は，ふだん体細胞で起こっている分裂であり，一つの細胞が分裂して二つの娘細胞になる．減数分裂は，生殖に必要な配偶子をつくるための特殊な細胞分裂である．それぞれ解説していく．

6・1・1 細胞周期を構成するステージ

体細胞分裂が終了してから次の体細胞分裂が終了するまでの過程を細胞周期とよぶ．細胞周期は，いくつかのステージ（期）に分けられる（図6・1）．核が分裂して遺伝情報の分配が行われる時期を**分裂期**（**M期**）とよび，分裂期以外の時期を**間期**とよぶ．間期は，時間の経過の順にG_1, S, G_2期に分けられる．M期は細胞内の構造に劇的な変化が起こる時期であり，**核分裂**（**有糸分裂**）と**細胞質分裂**が行われる．G_1期は細胞分裂をするか否かを決定する時期であり，細胞のサイズが大きくなりDNA合成の準備が行われる．S期は，DNAの複製が行われる時期である（第5章を参照）．G_2期は，M期に移行するための準備が進められ，中心体の複製

などが行われる*.

　一般的に哺乳類の細胞では, M 期は 1 時間程度, S 期は 6〜8 時間程度, G_2 期は1〜3 時間程度である. G_1 期の長さは細胞の種類や状態によって異なり, ほぼ 0 のものから数十時間のものまである. G_1 期の時点で細胞周期から外れて増殖を停止している細胞も体内には多く存在しており, このような増殖停止状態の時期を **G_0期**とよぶ. G_0 期の細胞は増殖能力を保持しており, 外部からの適当な刺激によって細胞周期に戻り細胞分裂を再開することができる.

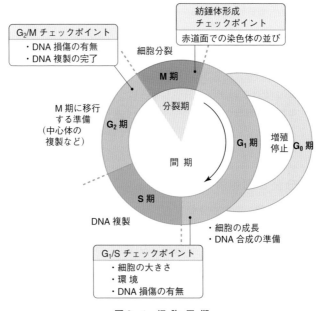

図 6・1　細 胞 周 期

　細胞が分裂するためには, 遺伝情報を担う DNA を複製し, それを娘細胞に分配する必要がある. G_1 期には DNA 量の変化はないが, S 期になると DNA の複製が起こり, S 期終了時から G_2 期では細胞内の DNA 量は 2 倍になっている (図 6・2). その後, M 期では, 複製された DNA が娘細胞に分配され, 倍加していた DNA 量が元に戻る.

---

* M 期は有糸分裂を意味する mitosis, S 期は合成を意味する synthesis (DNA を合成する時期なので), G_1, G_2 期は間隙を意味する gap の頭文字をとっている.

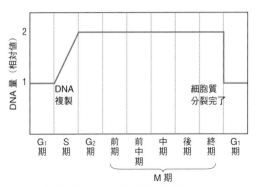

図6・2　細胞周期中のDNA量の変化

6・1・2　細胞周期におけるチェックポイント制御

　真核細胞の細胞周期が進行する過程には，準備が整う前に次の過程が始まらないように調節する制御機構が存在しており，細胞周期が正常に進行しているか監視し，異常や不具合がある場合には細胞周期を停止させる．これを**細胞周期チェックポイント**とよぶ（図6・1）．G_1期からS期へ移行する際には，DNAに損傷がないか，増殖に適した環境であるか，細胞の大きさが十分であるかをチェックする（G_1/Sチェックポイント）．またG_2期からM期へ移行する際には，DNAに損傷がないか，DNA複製が完了し染色体DNAの分配が可能であるかをチェックする（G_2/Mチェックポイント）．これらに加え，M期にも，染色体分離を正確に行うためのチェック機構である**紡錘体形成チェックポイント**（次項で述べる）が存在する．

6・1・3　M期について：体細胞分裂の流れ

　体細胞分裂は，核分裂（有糸分裂）と細胞質分裂の二段階からなる．核分裂では，母細胞の複製されたDNAを二つの娘細胞に同等に分配する．細胞質分裂では，細胞質を二つの娘細胞に分ける．

　a. 核分裂（有糸分裂）　　M期においてみられる核分裂は，**前期，前中期，中期，後期**および**終期**の五つに分けられる（図6・3）．

① **前　期**：クロマチンが凝集し，太く短くなってアルファベットのXのような形態に変化する．この染色体は，S期の間に複製された**染色分体**がセントロメア領域で結合した状態になっている．また，G_2期までの間に，複製されて二つになっていた**中心体**が離れ，これらは前中期において**紡錘体極**となる．

② **前中期**: **核膜**が消失し，染色体のセントロメア領域に存在する**動原体**に紡錘体極から伸びた**微小管**が結合する.

③ **中　期**: 微小管の結合した染色体が，赤道面に沿って並ぶ. 中期では，正確に染色体の分配を行うために，すべての染色体の動原体に紡錘体微小管が結合して赤道面に並ぶまで，細胞周期が進行しないようにする細胞周期制御機構がある. これを紡錘体形成チェックポイントという.

④ **後　期**: 染色分体が分離して独立した染色体となり，極へ引き寄せられる. また，二つの紡錘体極は細胞膜のほうへ引っ張られ，紡錘体極どうしが離れる.

⑤ **終　期**: 染色体の凝集が解け，新しい核膜が形成される.

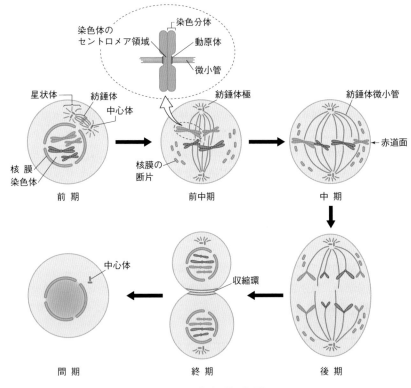

図 6・3　体 細 胞 分 裂

b. 細胞質分裂　　細胞が分裂して二つの娘細胞に分かれるためには，上述の核分裂に加え，細胞質が分かれる必要がある. 細胞質分裂は，多くの場合，後期の

終わりから終期に始まる．動物細胞では，アクチンとミオシンでできた**収縮環**が赤道面にでき，これが細胞膜を絞り込むことにより分裂溝が生じ，最終的には細胞がくびり切られる．一方，植物細胞では，赤道面に**細胞板**が形成され，これが細胞壁となることにより細胞質分裂が起こる．

6・1・4 細胞周期の進行を担うタンパク質

細胞周期の進行には，さまざまなタンパク質が関与している．

a. サイクリン依存性キナーゼ（CDK） CDK は，細胞周期の進行を調節する重要なタンパク質である．CDK は，タンパク質をリン酸化する酵素であり，G_1 期からS期へ進行する際や G_2 期からM期へ進行する際に活性化し，特定の基質タンパク質をリン酸化する．このリン酸化によってタンパク質の活性が制御される．CDK にはいくつかの種類がある．たとえば，G_1 期からS期へ進行する際には，CDK2，CDK4 および CDK6 が重要である（図 6・4）．

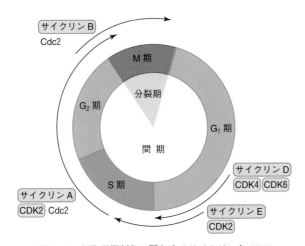

図 6・4 細胞周期制御に関与するサイクリンと CDK

G_1 期からS期への進行時には，活性化された CDK が Rb をリン酸化する．通常，Rb は転写因子 E2F と結合して転写因子としての機能を阻害している．一方，CDK によりリン酸化された Rb は E2F より離れ，E2F によりS期への進行に必要な遺伝子群の発現が誘導される（図 6・5）．

b. CDK の活性を制御するタンパク質 CDK の活性は，いくつかのしくみによって調節されている．一つ目のしくみは，**サイクリン**による調節である．CDK

は, サイクリン依存性キナーゼという名が示すとおり, サイクリンと結合すること
で活性化する. サイクリンにもいくつかの種類があり, G_1 期から S 期への進行に
はサイクリン D とサイクリン E が重要である (図 6・4). 二つ目のしくみは,
CDK へのリン酸化による調節である. 増殖していない細胞では, CDK は Wee1 お
よび Myt1 によりリン酸化されており, リン酸化された CDK はサイクリンと結合
しても活性化できない (図 6・5). S 期に入る準備が整ったタイミングで, プロテ
インホスファターゼ (タンパク質脱リン酸酵素) である Cdc25A が CDK を脱リン
酸化し, CDK が活性化する.

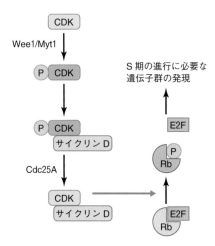

図 6・5　CDK の活性調節と CDK による Rb のリン酸化

　CDK の活性を調節するもう一つのしくみは, **サイクリン依存性キナーゼインヒ
ビター (CKI)** とよばれる阻害タンパク質によるものである. CKI は複数種あり,
構造の類似性から p21 ファミリーと INK4 ファミリーに大別される. CKI は, CDK
や CDK-サイクリン複合体に結合して CDK の活性を抑えており, 細胞周期が進行
する際には CKI が分解されるなどして CDK が活性化する.

6・1・5　減 数 分 裂

　細胞の分裂様式は大きく二つに分けられる. 一つはここまで説明してきた体細胞
分裂であり, もう一つは細胞当たりの染色体数を $2n$ から n に半減させる**減数分裂**
である. 生殖細胞である**精子**や**卵**は**精原細胞, 卵原細胞**からつくられる. まず精原
細胞, 卵原細胞は体細胞分裂を繰返し**精母細胞, 卵母細胞**をつくる. その後, 精母

細胞や卵母細胞から精子や卵ができる過程で減数分裂が起こる（図6・6）．体細胞分裂では分裂前にDNA複製によりDNAが倍加し（$4n$），細胞分裂により元の量のDNAをもつ細胞（$2n$）が二つできる．一方，減数分裂では，精母細胞，卵母細胞がDNA複製によりDNAを倍加させたのち，DNA複製を行うことなく細胞分裂を2回続けて行い，細胞当たりのDNAが半減した精子や卵ができる（図6・7）．一つの精母細胞からは四つの精子ができるが，一つの卵母細胞からは卵が一つだけできる．卵形成の際の細胞分裂は不等分裂で，細胞分裂により小さな極体という細胞と大きな細胞が生じ，このうち大きな細胞のみが卵になるためである（図6・6b）．

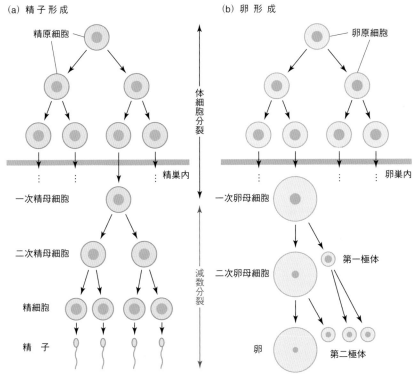

（a）精子形成　　　　　　　（b）卵形成

精原細胞

卵原細胞

体細胞分裂

精巣内

卵巣内

一次精母細胞

一次卵母細胞

二次精母細胞

二次卵母細胞

第一極体

減数分裂

精細胞

精子

卵

第二極体

図6・6　生殖細胞の形成

　減数分裂では1回目の分裂時には二つの相同染色体が対合して赤道面に並ぶ．この際に，母親由来の染色分体と父親由来の染色分体の間で一部分が交換される**乗換え**が起こり，その結果，遺伝子の一部が交換される**組換え**が起こる（図6・7）．通

常，二つの遺伝子が染色体上で物理的に離れているほど，その間の組換えの確率が高くなる．これに対し，近接する遺伝子の間では組換えの確率は低くなり，近接する遺伝子は親から子へ一緒に遺伝する（これを**連鎖**という）．精子や卵は以上のような過程を経てつくられるため，DNA には母親由来の部分と父親由来の部分の両方が混在することになる．そのため生殖細胞がもつ DNA は非常に多様性に富み，このことが次世代の遺伝的多様性を生み出す要因となる．

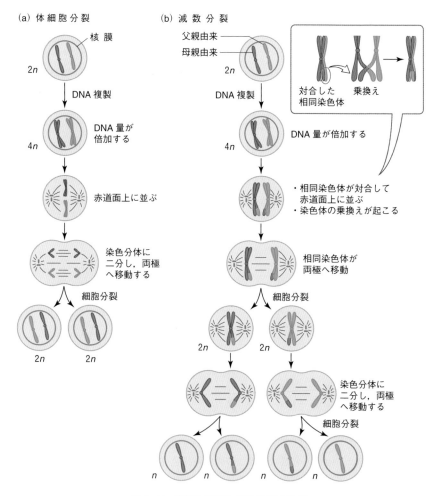

図6・7　体細胞分裂と減数分裂の比較

6・2 受精と発生

§6・1・5で解説したように，減数分裂によって，親の細胞の半分の染色体をもつ配偶子（精子と卵）がつくられる．ここでは，精子と卵が融合して一つの細胞となり，それが細胞分裂を繰返して完成した個体となるまでのしくみに焦点を当てる．

6・2・1 動物の受精

精子が卵に融合して精子の核と卵の核が一緒になるまでの過程を**受精**といい，受精した卵を**受精卵**という．陸上で生活する生物の多くは，精子を雌の体内に送り込み，雌の体内で受精が行われる．一方で，水中生物の多くは，精子と卵を体外に放出して体外受精を行う．体内受精，体外受精のいずれの場合においても，精子は運動能をもち，雌の輸卵管の中または水中を泳いで卵に到達して受精が行われる．

ウニの場合，精子が**ゼリー層**に包まれた卵に到達すると，まず精子の**先体**からタンパク質分解酵素が放出され，**先体突起**が形成され，精子がゼリー層を貫通し，ひきつづき**卵黄膜**も通過後，精子の細胞膜と卵の細胞膜が融合する（図6・8）．すると，卵細胞の細胞膜の電位が一時的に変化し，他の精子が卵の細胞膜と融合することを防ぐ"早い多精拒否機構"がはたらく．その後，卵細胞では，細胞表面近くに

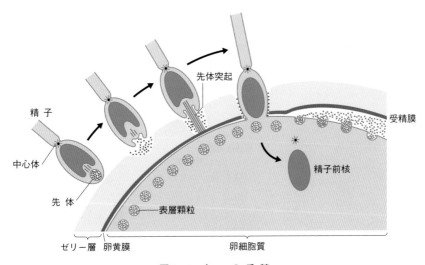

図6・8 ウニの受精

存在する表層顆粒が卵細胞の細胞膜と融合し，表層顆粒の内容物が細胞膜と卵黄膜の間に放出される．卵黄膜は表層顆粒の内容物に触れることにより性質を変え，精子の侵入を防ぐ役割をもつ**受精膜**となり，これが"遅い多精拒否機構"としてはたらく．卵に侵入した精子の前核は卵の核と融合する．この際，精子が卵に侵入すると，精子由来の中心体が形成する**星状体**が精子由来の核と卵の核を近づけ，精子の核と卵の核が融合する．

6・2・2　ウニの発生の概略

受精後は，受精卵の細胞分裂が速やかに連続して起きる．これを**卵割**という．ウニは，胚が透明で発生の進行を観察しやすいため，発生研究の材料としてよく用いられる．ここでは，ウニの発生について概略を説明する（図6・9）．

ウニの発生では，最初の3回の卵割で同じ大きさの割球が八つ生じる．その後，卵割が進み**桑実胚期**になると，細胞間接着分子の発現により細胞どうしが密に接着するコンパクションが起こる．その後，さらに卵割を重ね内部に**胞胚腔**をもつ**胞胚**

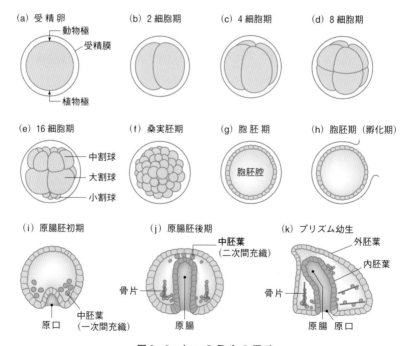

図6・9　ウニの発生の概略

になると，胚の表面には繊毛が生じ，胚は回転運動を始める．そして，胚を包んでいた受精膜から出て泳ぎ出す（孵化）．その後，植物極*側の細胞の一部が胞胚腔内にこぼれ落ちるようにして移動して**一次間充織**を生じ，これはのちに**骨片**を形成する．一次間充織の細胞が生じたあと，植物極側の細胞が胞胚腔内に陥入する**原腸陥入**が起こる．この際，原腸の先端からこぼれ落ちた細胞は，**二次間充織**となる．その後，原腸は胞胚腔を横切り，向かい側の壁に到達するとその部分が口となり，原口は肛門となる．表面の細胞が**外胚葉**，陥入した細胞が**内胚葉**，この間にこぼれ落ちた一次間充織や二次間充織の細胞が**中胚葉**となり，三胚葉が形成される．

6・2・3　初期発生における遺伝子発現の概要

　生物の発生においては，さまざまな遺伝子が協調してはたらいている．ここでは，初期発生に関与する遺伝子の研究が進んでいるショウジョウバエについて，初期発生過程の遺伝子発現の概略を説明する（図6・10）．

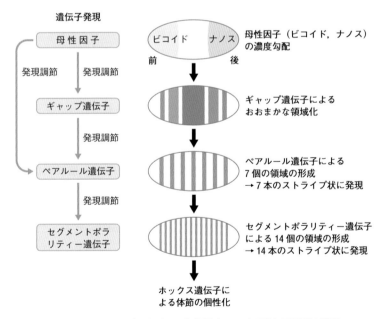

図6・10　ショウジョウバエの初期発生における遺伝子発現の概要

---

* 多細胞生物の卵細胞で極体を生じる場所を動物極とよび，その反対極を植物極とよぶ．

　多くの動物の場合，受精後しばらくの間は，核内での RNA 合成（転写）は起こらない．これは，卵細胞内にあらかじめ RNA やタンパク質が蓄えられているため，新たな転写による RNA 合成がなくても，発生を進められるからである．このような卵細胞内に受精前からあらかじめ蓄えられている RNA やタンパク質は，**母性因子**とよばれる．母性因子は卵細胞内に均一ではなく偏って存在しており，この偏りが初期発生において重要な役割を果たしている．

　ショウジョウバエの卵では，**ビコイド遺伝子**の mRNA が卵の前方*の細胞質に蓄積している．卵の前方にあらかじめ蓄えられていたビコイド遺伝子の mRNA は受精と同時に翻訳され，ビコイドタンパク質が胚の前方でつくられる．翻訳されたビコイドタンパク質は，拡散により前方から後方へ向けた濃度勾配を示す．一方，**ナノス遺伝子**の mRNA は卵の後方の細胞質に蓄積しており，翻訳後のナノスタンパク質は後方から前方に向けた濃度勾配を示す．このようなビコイドタンパク質やナノスタンパク質の濃度が，胚の前後を決める．ビコイドタンパク質やナノスタンパク質のように，濃度勾配の形成により細胞の発生運命の決定に関与する因子を**モルフォゲン**という．胞胚の時期まで発生が進むと，胚の核において転写が開始する．ビコイド遺伝子は，胚の前後軸に沿って**体節**をつくるはたらきをもつ**分節遺伝子**のグループの一つであり，転写因子であるビコイドタンパク質をコードしている．ビコイドタンパク質は，胚を前後軸に沿っておおまかな領域に分けるはたらきをもつ**ギャップ遺伝子**の転写を調節する．また，ナノスタンパク質は，RNA 結合タンパク質であり，ギャップ遺伝子の mRNA に作用して翻訳を調節する．ギャップ遺伝子は転写因子をコードしており，**ペアルール遺伝子**の転写を調節する．ペアルール遺伝子は，胚の前後軸に沿って 7 本のストライプ状の発現様式を示す．ペアルール遺伝子の産物も転写因子であり，**セグメントポラリティー遺伝子**の発現を調節する．セグメントポラリティー遺伝子は，胚の前後軸に沿って 14 本のストライプ状の発現様式を示す．これらの一連の分節遺伝子のはたらきにより，ショウジョウバエの胚は，前後軸に沿って，成虫と同じ 14 の区画に分けられる（この区画は，成虫の体を構成する区画とは少し位置がずれているため，擬体節とよばれる）．その後，**ホックス遺伝子**のはたらきにより，これらの節に頭，胸，腹などの特徴が付与される．

---

　* 体の方向性は，① 前後，② 背側と腹側，③ 左右 の三つで表現する．前後を結ぶ軸を前後軸といい，頭部のほうが前方，尾部のほうが後方である．同じく背側と腹側を結ぶ軸を背腹軸といい，口がある側を腹側としている．残る左右を結ぶ軸を左右軸という．

動物の体内環境

▶ 行動目標
1. 動物の体内環境における体液について説明できる.
2. 血液の循環や血液中の細胞について説明できる.
3. 止血・血液凝固機構について説明できる.
4. 腎臓の構造と体液調節について説明できる.
5. 肝臓の構造と体液調節について説明できる.

　第 6 章では受精卵が細胞分裂を繰返して個体ができ上がるしくみを学んだ. 本章では, そうしてできた多数の細胞からなる生物個体に焦点を当てる. 多細胞生物を構成する細胞はただ集合しているだけでなく, 個々の細胞は連携し, 表皮によって外界から仕切られた一つの環境を共有している. そのような体内の細胞や組織をとりまく環境 (温度, pH など) を**体内環境**といい, それに対し個体が接している外の環境 (温度, 湿度, 光など) を**体外環境**という. それでは体内環境とはどんな環境なのか, またどのようにしてその環境を一定に保つのかを, 哺乳動物を例にとって見ていこう.

7・1　体内環境と恒常性 (ホメオスタシス)

　多細胞生物は, 分化した細胞集団が結合して組織をつくり, 複数の組織が集合して器官を形成し, それぞれの器官が連携することによって生体を維持している. ヒトなどの哺乳動物では, 皮膚の角質層や粘液で表面が覆われており, 体内の細胞の大半は外部の環境 (体外環境) に直接さらされていない. 体内の細胞は液体 (**体液**) に囲まれており, そのため細胞やその集合体である器官にとって体液は, まさに体内における環境 (体内環境) といえる.

　体液は**血液**, **組織液**, **リンパ液**に分けられる. 血液は血管の中を流れ, 組織液は組織間や細胞間を満たし, リンパ液はリンパ管を流れている. 体液が循環することによって, 組織や臓器は, 必要な物質を吸収し不要なものを放出する. このような体液の組成や役割について §7・2 で説明する.

　また, 体外環境が変化しても, 体液の pH や温度, 酸素濃度や血糖など成分の濃度はほぼ一定であり, 最適な内部環境を保持している. この内部環境の保持には, 腎臓・循環器系・神経系・内分泌系・消化器系 (肝臓) などが協調してはたらいて

いる．また，このような内部環境を維持するはたらきを，**恒常性（ホメオスタシ
ス）**という．§7・2〜§7・4で，それぞれ循環器系，腎臓，肝臓による体内環境維
持のしくみを説明する（神経系，内分泌系による調節については第8章を参照）．

7・2 体　液

7・2・1 体液の種類

a. 血液　ヒトの血液は，体重の約1/13を占めており，有形成分（赤血球，
白血球，血小板）と液体成分（血漿）に分けられる（図7・1）．**赤血球**は，直径
7〜8 µm，厚さ2 µmの中央がくぼんだ円状の細胞で，核はない．また，鉄を含ん

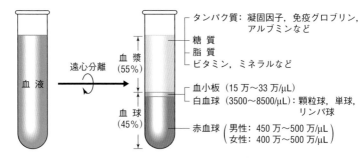

図7・1　**血液の成分**

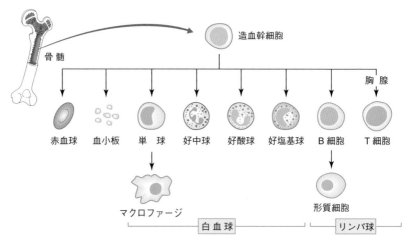

図7・2　血液の細胞の分化　血液中の各種細胞は，骨髄の中にある造血幹細胞から生ま
れる．（各細胞に分化する前にそれぞれの前駆細胞を経るが，ここでは省略した）

だ赤い色素タンパク質である**ヘモグロビン**をもつ．寿命は120日で，おもに脾臓で破壊される．**白血球**は，顆粒球（好中球・好酸球・好塩基球），単球およびリンパ球からなる．好中球は遊走能・貪食能・殺菌能を有し，細菌から生体を防御するはたらきがある．好酸球は，アレルギー反応の制御や寄生虫に対する防御にはたらく．好塩基球は，ヒスタミンなどを放出し，アレルギー反応をひき起こす．単球は，白血球のなかで最も大きく，血液中から組織に出てマクロファージとなり，異物を貪食する．リンパ球にはT細胞，B細胞，NK細胞などがある．**血小板**は，巨核球の細胞のかけらであり，直径2〜4 μmで核はなく，止血機能をもつ．これらの血液細胞は，すべて骨髄にある造血幹細胞から産生されている（図7・2）．

　b. 組 織 液　　毛細血管からしみ出た血漿成分は，組織液となり，組織や細胞の間を満たす．血液からの栄養分や酸素は組織液を介して細胞に渡され，細胞から

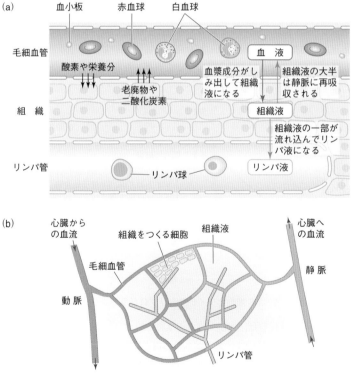

図7・3　血液，組織液，リンパ液　(a) 血液の血漿成分が毛細血管からしみ出て組織液となり，さらにその一部がリンパ液になる．(b) 組織と毛細血管，リンパ管の関係．

は二酸化炭素や老廃物が組織液を介して血液に放出される（図7・3）.

　c. リンパ液　　大部分の組織液は，静脈側の毛細血管に再吸収されるが，一部は毛細リンパ管に入りリンパ液となる．リンパ液にはリンパ球が含まれている（図7・3）．これが毛細リンパ管からリンパ管に集まり，さらにリンパ総管や胸管

コラム7　幹細胞と再生医療

　動物の受精卵は細胞分裂を繰返し，分化してそれぞれの臓器がつくられる．その分化能を維持しているのが**幹細胞**である．すなわち幹細胞は，さまざまな機能をもった細胞に分化する能力（**多分化能**）と，多分化能を維持したまま分裂する能力（**自己複製能**）をあわせもった未分化な細胞である．**多能性幹細胞**は，胎盤と羊膜以外のすべての細胞に分化できる幹細胞で，**胚性幹細胞**や**人工多能性幹細胞**（**iPS 細胞**）などがある．iPS 細胞は，皮膚などの体細胞に四つの遺伝子（Oct3/4, Sox2, Klf4, c-Myc）を導入するだけで作製でき，さらに刺激を加えて神経細胞，心筋細胞，血液細胞などに分化させることができる（図7・A）．そのため，再生医療の臨床分野では，免疫反応を回避した移植が可能となるのである．

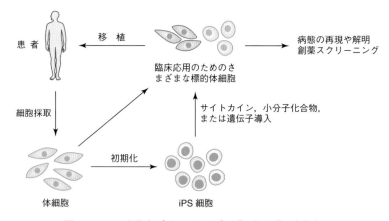

図7・A　iPS 細胞とダイレクトリプログラミングの臨床応用

　また，ヒト iPS 細胞は，細胞・臓器再生の分野だけでなく，疾患の解明や治療法の開発，薬剤スクリーニングなどへの応用が期待されている．さらに，iPS 細胞を介さず皮膚などの体細胞から直接神経細胞などを誘導するダイレクトリプログラミングという手法も開発されている．

を経て，鎖骨下静脈の血液に合流する．リンパ管の途中には豆粒のような**リンパ節**があり，リンパ球が充満している．リンパ節は，リンパ液中を流れてきた細菌などの異物をとらえて処理を行う役目を担う．また，小腸の上皮細胞内で吸収された脂質は，リンパ管に入ってから胸管を経て血管系へ運ばれる．

7・2・2　体液の循環

　血液やリンパ液などの体液を体全体に流通させる器官系を**循環系**といい，物質や熱などを運搬し，体内環境を一定に保つはたらきがある．循環系には，**血管系**（心臓，血管，血液）と，**リンパ系**（リンパ管，リンパ節，リンパ液）がある（図7・5参照）．ここでは血管系について述べる．

　a. 心　臓　心臓は，血液を体全体に送り出すポンプである．哺乳類では二つの**心房**と二つの**心室**からなる（図7・4）．**心筋**という特別な筋肉で包まれた器官で，絶えず規則的な収縮と弛緩を繰返す．このリズムをつくり出すのは右心房にある**洞房結節**（ペースメーカー）であり，自律的に電気信号を発生する．この電気信号がまず心房に伝わり，左右の心房が収縮して心室へ血液が流れる．その後，電気信号は心室に伝わり，心室全体が収縮して血液が血管へと送り出される．

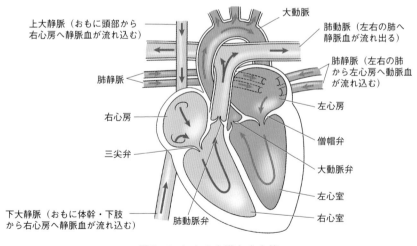

図7・4　ヒトの心臓と大血管

　b. 血　管　血管は，① **動脈**（心臓から全身へ送り出される血液が流れる血管），② **静脈**（全身から心臓に戻ってくる血液が流れる血管），③ **毛細血管**（動脈

と静脈をつないで組織の細胞と接触する微細な血管）に分けられる．動脈の血管壁は，筋肉層が厚く，弾力性が高い．静脈の血管壁は，動脈より薄く，逆流を防ぐ弁がある．毛細血管の血管壁は，1層の内皮細胞が並んで管を形成する．内皮細胞間の隙間や細胞の穴を通して，血液細胞やさまざまな物質の出入りがある．

　　c. 血液の循環　　ヒトをはじめとする脊椎動物は**閉鎖血管系**をもち，血液はポンプ（心臓）で送り出されて血管内だけを流れる．肺呼吸を行う鳥類・哺乳類では，肺で新鮮な酸素を取込む経路（**肺循環**）と，全身を循環する経路（**体循環**）と

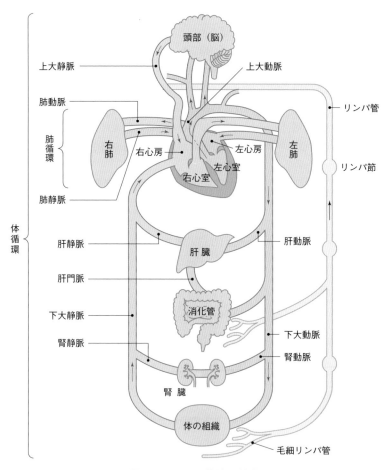

図7・5　ヒトの体液の循環

がある（図7・5）．心臓は2心房・2心室であり，肺循環の血液と体循環の血液が心臓で混ざることなく，それぞれ別の経路で循環している（図7・4）．

● 体循環は，心臓から肺以外の全身へと送られ，再び心臓に戻ってくる血液の循環である．血液は，左心室から大動脈へと送り出され，全身各部にくまなく張りめぐらされた毛細血管を経由して静脈に入り，大静脈から右心房へと戻ってくる．動脈血は酸素含有量が多く鮮紅色の血液であり，静脈血は酸素含有量が少なく暗赤色の血液である．

● 肺循環は，心臓から肺を経由して心臓に戻ってくる血液の循環である．血液は，右心室から肺動脈へと送り出され，肺の毛細血管を経由して肺静脈に入り，左心房へと戻ってくる．肺循環では，肺動脈内には静脈血が流れ，肺静脈内には動脈血が流れる．

d. 血　　圧　　心臓（心室）の収縮によって血液を押し出しているので，動脈の血管壁には圧力（血圧）がかかっている．心室が収縮したときの血圧を**最高血圧**（収縮期血圧），心室が弛緩したときの血圧を**最低血圧**（拡張期血圧）という．年齢とともに動脈壁の弾性が低下するので，血圧は上昇する．一方，静脈では心房で血液を吸い込んでいるので，血管内の圧力は，外部より低い陰圧になっている．

7・2・3　ガ ス 運 搬

　ヒトの体の各組織では，細胞のはたらきに酸素が必要であり，細胞活動の結果として二酸化炭素が生成される．そのため，酸素（O_2）を細胞へ運び，二酸化炭素（CO_2）を排出するはたらきが必要であり，これを血液が担っている．

　a. 酸素運搬とヘモグロビン　　肺に取込まれた空気中の酸素（O_2）は，肺胞の毛細血管を流れる赤血球中の**ヘモグロビン**（Hb）と結合して体の各部へ運ばれる．ヘモグロビンは，プロトポルフィリン環の中心に鉄（Fe）が結合した色素成分（ヘム）が一つずつ結合した4個のサブユニット（α2個，β2個）からなるタンパク質である（図7・6）．酸素はヘムの鉄に1分子ずつ結合する．ヘモグロビンは，酸素分

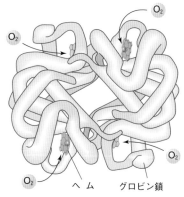

図7・6　ヒトヘモグロビンの構造

圧が高い肺胞で酸素と結合しやすく，酸素分圧が低い体の各部では酸素を離しやすい.

b. 二酸化炭素運搬　　組織では，細胞の活動の結果，二酸化炭素が生成される. 二酸化炭素は水に溶けにくいため，末梢組織から肺に運搬するためには，水に溶けやすい炭酸に変換する必要がある. これを行うのがカルボニックアンヒドラーゼ（炭酸脱水酵素）で，赤血球中や他の末梢の細胞では，カルボニックアンヒドラーゼのはたらきによって二酸化炭素と水から水素イオン（H^+）と炭酸水素イオ

(a)

(b)

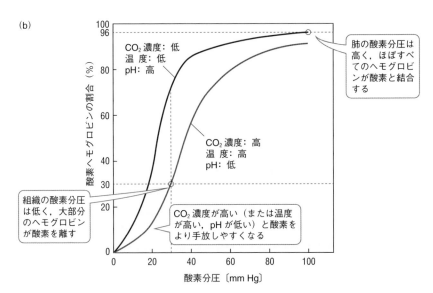

図7・7　ヘモグロビンと酸素の結合　　(a) ヘモグロビン（Hb）は酸素を結合して酸素ヘモグロビン（HbO$_2$）となり，そこから酸素を解離することで，酸素を運搬する. (b) 酸素解離曲線. 全ヘモグロビン中の酸素ヘモグロビンの割合と酸素分圧の関係を相対値で示した. 酸素分圧が高くなるほど，酸素ヘモグロビンの割合が高くなる，つまりヘモグロンビンは酸素と結合しやすくなる. 酸素との結合しやすさは，CO_2 濃度，温度，pH の影響も受ける. 同じ酸素分圧であっても，――のように，CO_2 濃度が高い（または温度が高い，pH が低い）と，ヘモグロビンは酸素と結合しにくくなる.

ン（$H_2CO_3^-$）がつくられ，二酸化炭素の多くが炭酸水素イオンのかたちで血液中を肺へと運ばれる．肺では，カルボニックアンヒドラーゼが逆向きの反応を触媒することにより，二酸化炭素の放出が起こる．

c. 酸素解離曲線　　血液中のヘモグロビンのうち，酸素と結合している酸素ヘモグロビン（HbO_2）の割合を，**酸素飽和度**という．酸素飽和度が酸素分圧によってどのように変化するのかを示したグラフを，酸素解離曲線という（図7・7）．ヘモグロビンは，肺胞のような酸素分圧の高いところでは酸素と結合しやすく，体の各部のような酸素分圧の低いところでは酸素を離しやすい．また酸素ヘモグロビンは，二酸化炭素分圧が高い，温度が高い，あるいは pH が低い（酸性に傾く）ほど，酸素を離しやすい．したがって，活動のさかんな組織では，二酸化炭素が生成して炭酸水素イオンに変換されることにより酸性に傾き，さらに熱の発生が多いため，酸素の放出が促進される．このしくみは実に合理的である．

胎児のヘモグロビンは，成人のヘモグロビンとは性質が異なっている．成人のヘモグロビンは，2,3-ビスホスホグリセリン（BPG）が結合すると酸素親和性が低下する．一方，胎児のヘモグロビンは，BPG との結合が弱い．そのため，BPG 存在下では，胎児のヘモグロビンは成人のヘモグロビンよりも酸素と結合しやすく，胎盤で母体のヘモグロビンから離された酸素を受取ることができる．

d. 一酸化炭素中毒　　一酸化炭素（CO）は，ヘモグロビンに対する結合力が強く，酸素を追い出して結合してしまう（HbCO）．そのためヘモグロビンが酸素と結合できなくなり，組織へ酸素を運べないため重篤な酸素不足症状をひき起こす．これを一酸化炭素中毒という．

7・2・4　止血・血液凝固と線溶

血管が傷ついて破損すると出血する．そのままでは血液を失うとともに異物が体内へと侵入してしまう．そのため，凝血塊が形成され出血が止まるしくみが存在する．この止血機構には，損傷血管の収縮，血小板の凝集と血液凝固が必要である．まず血管が収縮し，**血小板**が集まってきて傷口をふさぎ（**一次止血**），さらに血液凝固が起こって出血を防ぐ（**二次止血**）．血管の修復後には，かたまりが除かれる（**線溶**）機構がはたらく（図7・8）．

a. 一次止血　　血管が損傷するとコラーゲンが露出し，ここに活性化した血小板が粘着・凝集し，血小板血栓が形成される．

b. 二次止血（血液凝固）　　新鮮な血液を試験管に放置すると，血漿中のタン

パク質が血液細胞をからめて固まった沈殿物を生じる．この現象が血液凝固であり，血液のかたまりを**血餅**，やや黄色い上澄みを**血清**という．血管損傷による出血時には，一次止血とともに血液凝固反応が始まり，これを二次止血という．血小板から血小板因子，また損傷部位から組織トロンボプラスチンが放出され，Ca^{2+}の存在下，血液凝固因子がつぎつぎと連鎖的に活性化され，不活性型のプロトロンビンが活性型のトロンビンとなる．トロンビンはフィブリノーゲン（線維素原）を切断してフィブリン（線維素）を生成する．フィブリンは細長い分子で，多数が結合してフィブリン線維を形成する．このとき，フィブリンは，血球をからめて血餅をつくり，血清と分かれ凝固する．

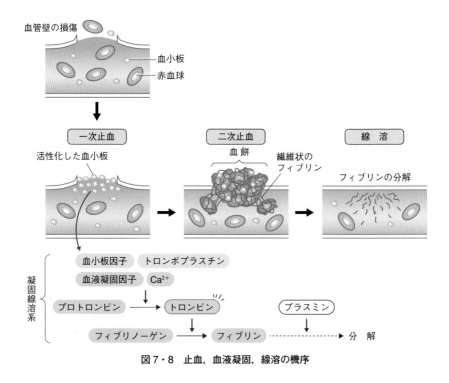

図7・8　止血，血液凝固，線溶の機序

　c．線溶　　損傷した血管は血餅により止血されたのち，フィブリンが**プラスミン**というタンパク質分解酵素で切断され血餅は除去される．これを線溶（線維素溶解）という．通常の状態では，血管内の凝固と線溶がバランスを保って血液が流れている．

コラム8　鉄 代 謝

　鉄は，ヘモグロビンの酸素運搬，エネルギー産生，薬物代謝，酸化還元反応，細胞増殖などの生命維持機構に必須の元素である．ヒトでは体内の鉄の総量は3〜4 g であり，およそ70％は赤血球のヘモグロビン鉄で，残り30％は筋肉のミオグロビン，電子伝達系あるいは代謝酵素の補欠分子としてのヘム鉄や貯蔵鉄（肝臓ではフェリチン）である（図7・B）．したがって，体内の鉄の大部分が赤血球にあるといえる．鉄は十二指腸から吸収され，1日当たりの吸収量は1〜2 mg と少量である．

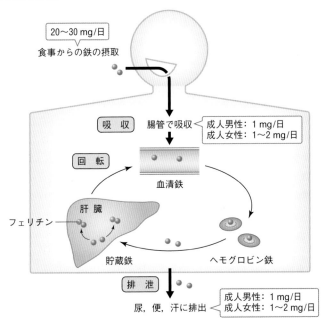

図7・B　鉄の1日の動態: 吸収，回転，排泄

　また，失われる鉄の量は，出血を除けば汗や粘膜などの剝離による少量である．体内で利用されている鉄の大部分は，老化のため処理された赤血球由来の再利用鉄である．このように，鉄は体内でのリサイクルという巧妙なシステムで利用されていることから，大量の出血が生じると容易に鉄欠乏状態となる．月経のある女性は鉄欠乏による貧血になりやすく，普段から鉄を多く含んだ食事摂取が大切である．

7・3　腎臓による体内環境の調節

7・3・1　腎臓の構造

　ヒトの腎臓は，ソラマメ状の形をした手挙大の器官で，腰椎の高さに左右1対あり，後腹膜に覆われている．内側の腎門部から腎動脈，腎静脈および尿管が出ている．腎臓の断面は，外側から皮質，髄質，腎盂に区別される（図7・9）．腎臓で尿がつくられるが，腎盂から尿管へ移行し，膀胱へ送られる．一つの腎臓は，100万個の**ネフロン**（腎単位）とよばれる構造からなっている．ネフロンは，**糸球体**と**ボーマン嚢**からなる**腎小体**と，**細尿管**（尿細管，腎細管）で構成されている．ボーマン嚢はまず近位尿細管となって腎髄質を下向し，**ヘンレ係蹄**を形成してヘアピン状に折り返して腎皮質に上向して遠位尿細管となる．これが数本集まって集合管となり，腎盂に入る（図7・10a）．

7・3・2　腎臓のはたらき

　腎臓は，心臓から出た血液の約1/4が流れ込み，体液量や，ナトリウムや水素イオンなどの濃度を一定に保って，体液の恒常性維持に重要なはたらきをしている．最も主要なはたらきは尿の生成であり，次節で詳しく述べる．また，窒素代謝産物や老廃物，体内の過剰物質などを排泄する．緊急時には血流を他臓器に回すなど，血液循環の調節も行っている．さらに，血圧やナトリウム濃度を調節するレニ

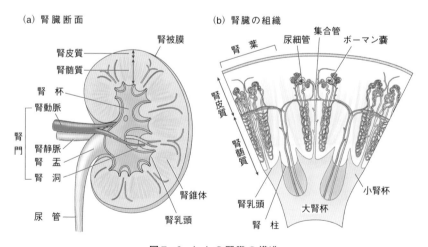

図7・9　ヒトの腎臓の構造

ンや赤血球造血因子であるエリスロポエチンなどを分泌する内分泌作用，ビタミン
Dの活性化などの代謝作用もある.

7・3・3 尿 の 生 成

　腎臓において尿を生成する工程とその役割について説明する.

　a. 糸球体におけるろ過　　血液は糸球体でろ過され，**原尿**となる（図7・
10 b）．これは糸球体の毛細血管にかかる血圧により起こる限外ろ過で，有形成分
や分子量約60,000以上の成分をふるい分け，原尿がボーマン囊へろ過される．タ
ンパク質は，通常はろ過されないが，腎炎などでろ過膜が損傷するとろ過されてタ
ンパク尿の原因となる．1分間にろ過される原尿の量を，**糸球体ろ過量**という.

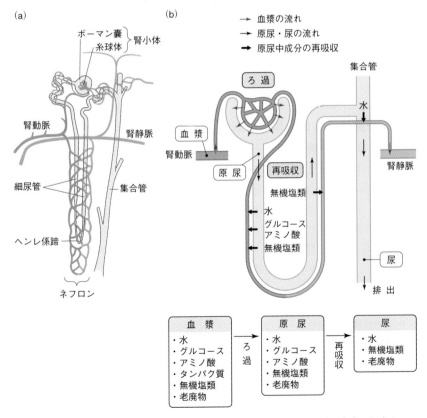

図7・10 尿の生成　（a）ネフロンの構造　（b）ネフロンにおける尿の生成のしくみ

b. 尿細管での再吸収　　尿細管では，糸球体でろ過された1日170 L以上の原尿の大部分（約99%）が，再吸収される．水，無機塩類，グルコース，アミノ酸，ビタミンなどは，細尿管を通過するときに周囲の毛細血管内へ再吸収されて，腎静脈へと戻される．再吸収後の原尿は，集合管に送られ，さらに水分が再吸収されて尿となる（図7・10 b）．尿として排泄されるのは，1日に約1.5 Lである．

c. 濃　縮　　クレアチニン，硫酸塩，尿素などは，再吸収されにくいため，濃縮されて排出される．ある物質の尿中の濃度を血漿中の濃度で割ったものが，**濃縮率**である．濃縮率が高いほど，効率的に排出されることを示す．

d. 体液の調節　　腎臓は，尿量と酸・塩基の量を変化させて体液の水分量，pHおよび浸透圧濃度の微細な調節を行っている．体液の浸透圧が上昇すると，脳下垂体後葉からのバソプレシンが分泌され，腎臓での水分吸収を促して浸透圧濃度を下げる．また，腎臓の血液流量やイオン濃度の変化を感知し，低下した場合に腎臓の傍糸球体細胞からレニンを分泌する．レニンは，アンギオテンシン-アルドステロンを介してナトリウムイオン（Na^+）の再吸収を促し，水の再吸収を増加させる．

7・4　肝臓による体内環境の調節
7・4・1　肝臓の構造

ヒトの肝臓は，成人では1000～1500 gと人体で最も大きい臓器である．肝臓には，心臓から出た血液の約1/3が流れる．肝臓に流入する血管には，肝動脈と門脈がある．門脈は，全肝血流の約70%を占め，消化管から吸収した栄養素を肝臓へ運ぶ．肝臓から流出する血管は，肝静脈で下大静脈に注ぐ．肝臓は構造上の最小単位である六角形の**肝小葉**から構成され（図7・11），肝小葉内では，血液は外側から中心へ，胆汁は中心から外側へと流れる．

7・4・2　肝臓のはたらき

ヒトの肝臓の肝細胞は，ミトコンドリアが豊富でATP合成能が高く，さまざまな代謝機能をもつ．（図7・12）

a. 炭水化物の代謝　　グルコースからグリコーゲンを合成して貯蔵し，血液中のグルコースの濃度が低下すると，グリコーゲンを分解して補給する（血糖値の調整）．また，さまざまな単糖をグルコースに変換する．

b. 脂質の代謝　　糖やアミノ酸が過剰になると脂肪酸に変換し，さらに脂肪

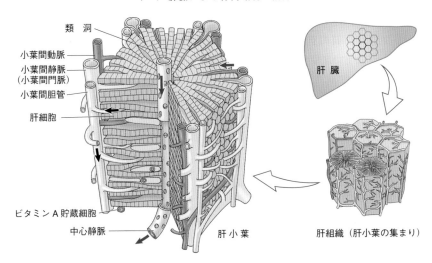

図7・11　肝小葉の構造

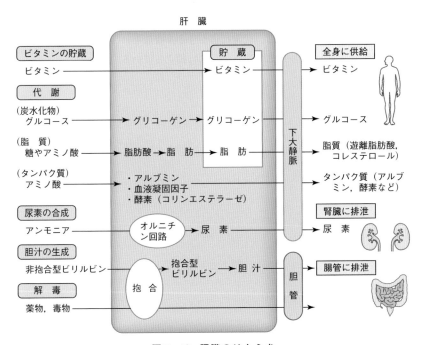

図7・12　肝臓のはたらき

として蓄える．エネルギー源が不足すると脂肪を分解する．

c. タンパク質の代謝　　肝臓における代謝に必要な酵素や，アルブミンや血液凝固因子などの血漿中のタンパク質を合成する．

d. 胆汁の生成　　肝臓でつくられる胆汁には，胆汁色素と胆汁酸がある．胆汁色素の主成分ビリルビンは，老化赤血球が破壊されてできるヘモグロビンの分解産物である．脾臓でつくられた非抱合型ビリルビンは，肝臓でグルクロン酸抱合を受けて水溶性の抱合型ビリルビンとなり，腸管へ排出される．

e. ビタミンの貯蔵　　ビタミンDなどは，肝臓で非活性型として貯蔵され，活性化して各細胞へ送られる．

f. 解毒作用　　薬物や食物中の有害物質を，酵素によって酸化・還元や分解したり，硫酸やグルクロン酸などと結合（抱合）させたりして解毒する．

g. 尿素の合成　　体内でタンパク質やアミノ酸が分解されると，有害なアンモニアが生じる．アンモニアは，肝臓で毒性の低い尿素に変えられ（オルニチン回路または尿素回路），腎臓を経て尿中に排出される．肝臓の障害により尿素の合成能が低下しアンモニア濃度が高くなると，不眠や吐き気，さらには意識障害が生じて死に至る．

h. 体温の保持　　肝臓は，代謝反応がさかんなことによって主要な発熱源となっており（全発生量の約22％），体温調節に役立っている．

8 動物の体内環境の維持機構

▶ 行動目標
1. 中枢神経系と末梢神経系について説明できる.
2. 体性神経系と自律神経系について説明できる.
3. 交感神経系と副交感神経系について説明できる.
4. おもなホルモンとそのはたらき, 調節機構を説明できる.
5. 体温調節や血糖値の調節, 体液濃度の調節のしくみを説明できる.

　時々刻々と変化する外界の環境に適応し, 第7章で学んだ体内環境を維持していくことは生命の維持に不可欠である. 体内環境を調節して恒常性 (ホメオスタシス) を維持する役割を担うのは, **神経系と内分泌系**である. また, さまざまな細胞の集合体である多細胞生物において, 細胞間の**情報伝達**が, 生命を維持するうえで必要不可欠である. 神経系と内分泌系は, こうした情報伝達においても中心的な役割を果たす.

8・1　神経の構造と機能

8・1・1　神経系を構成する細胞

　神経系を構成する**神経細胞**は, **神経細胞体**と数本の**樹状突起**, 神経細胞体から長く伸びた**軸索**からなる. これらをあわせて**ニューロン**とよぶ (図8・1). ヒトの中枢神経系には, およそ1000億個のニューロンが存在するとされている. 神経細胞

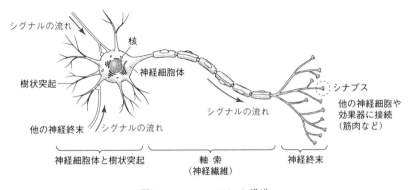

図8・1　ニューロンの構造

体は，樹状突起を介して周囲の細胞からのシグナルを受取り，軸索を介してシグナルを次に伝えている．ニューロンどうしのつなぎ目は**シナプス**とよぶ．

ニューロンのほかに，**神経膠細胞（グリア細胞）**も神経系を構成する重要な要素である．神経系には，ニューロンの数の10倍以上のグリア細胞が存在し，ニューロンの活動や維持を助けている．グリア細胞は，単一の細胞集団ではなく，**星状膠細胞（アストロサイト）**，**希突起膠細胞（オリゴデンドロサイト）**や**シュワン細胞**などの総称である．**ミクログリア**とよばれるマクロファージ様の免疫細胞も存在する．近年の研究により，ミクログリアは，造血幹細胞から分化する単球由来ではなく，骨髄で造血が開始されるもっと前段階の発生初期に卵黄嚢に存在する前駆細胞に由来することが明らかになっている．

8・1・2 神経による情報伝達

神経による情報伝達には，ニューロン細胞膜のイオン透過性に基づく電気的活動が中心的な役割を担う．

a. 膜電位 細胞膜の脂質二重層を隔てて，細胞外と細胞内には**イオン濃度勾配**が存在する．一般的に，細胞外液のナトリウムイオン（Na^+）濃度は高く，カリウムイオン（K^+）濃度は低い．反対に，細胞内液のNa^+濃度は低く，K^+濃度は高い．脂質二重層にはイオン輸送に関わるタンパク質が点在し，細胞膜に**イオン透過性**をもたらす．この濃度勾配とイオン透過性により，細胞膜の内外で電位差が発生する．細胞外の電位を0 mVとしたときの，細胞内の電位を**膜電位**という．**ナトリウム-カリウム-ATPアーゼ（ナトリウムポンプ）**は，ATPを消費して，濃度勾配に逆らい，Na^+を細胞外に排出し，K^+を細胞内に取込む．これにより，細胞内はつねにNa^+濃度が低くK^+濃度が高い状態に保たれている．一方，細胞膜には，つねに開口している**K^+チャネル**が存在し，K^+は濃度勾配に従って細胞内から細胞外へ流出する．この陽イオンの拡散は，細胞膜内外で電位差（細胞外が正，細胞内が負）をつくり出す．やがて，濃度勾配に基づく外向きの力の大きさと，発生した電位差による内向きの力の大きさが均等になると，K^+の流出が止まる．刺激を受けていない細胞におけるこのときの膜電位を**静止電位**という．静止電位は，およそ$-60 \sim -90$ mVとなる．

b. 神経の興奮と伝導 ニューロンの細胞膜には，膜電位の変化によって開口する**電位依存性Na^+チャネル**と**電位依存性K^+チャネル**が存在する．他の細胞からの刺激を受けて，膜電位がある**閾値**を超えて上昇すると，電位依存性Na^+チャネルが開口する．これにより，濃度勾配に従ってNa^+が細胞内に一気に流入し，

細胞膜内外の電位が瞬間的に逆転する（細胞内が正，図8・2）．その後，Na^+チャネルが不活性化することで，Na^+の細胞内への流入が止まる．さらに，電位依存性K^+チャネルが遅れて開口することにより，K^+の流出が静止時以上に増大し，膜電位はもとの状態に戻る．この一連の膜電位の変化を**活動電位**という．細胞に活動電

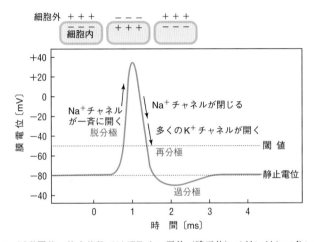

図8・2 活動電位 静止状態では細胞内の電位（膜電位）は外に対して負に分極している．刺激により膜電位が閾値を超えると，Na^+チャネルが開いて膜電位は負から正へ脱分極する．その後Na^+チャネルが閉じK^+チャネルが開くことで，膜電位は負へ再分極する．

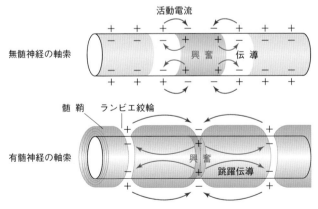

図8・3 興奮の伝導 ニューロンの一部が興奮すると，活動電位が神経繊維に沿って伝わっていく．無髄神経では隣接する静止部に連続的に伝導する．有髄神経では絶縁体である髄鞘をとばして次の髄鞘の切れ目へと，とびとびに伝導するので，伝導速度が速い．

位が発生することを**興奮**とよぶ．個々のニューロンは，刺激による膜電位の値が閾値を超えないと興奮しない．また，活動電位の大きさは，細胞内外の Na^+ と K^+ の濃度差に依存しており，刺激の強さによらず一定である．このようなニューロンの性質を**全か無か** (all-or-none) **の法則**という．

　刺激によりニューロンの一部が興奮すると，隣接する静止部との間で局所の電流が生じる．これを**活動電流**とよぶ（図 8・3）．活動電流は隣接する静止部を興奮させ，膜電位の変化が刺激部位から両側につぎつぎと伝わっていく．これを興奮の**伝導**という．興奮部位はしばらくのあいだ膜電位の変化に反応できない状態（**不応期**）となるため，興奮が逆向きに伝導することはない．**有髄神経繊維**では，絶縁体となる**髄鞘**があるため，興奮は髄鞘の切れ目（**ランビエ絞輪**）ごとに伝導していく．これを**跳躍伝導**とよび，より速い興奮の伝導を可能にする．

　c. シナプスによる興奮の伝達　　一つのニューロンの樹状突起や神経細胞体から軸索を伝導した興奮は，シナプスを介して他のニューロンや効果器に伝わる（図 8・4）．これを興奮の**伝達**という．シナプスは，**電気シナプス**と**化学シナプス**に分けられる．ギャップ結合を介して細胞どうしが結合している電気シナプスでは，膜電位の変化が直接伝わるため，その伝達速度はきわめて速い（0.1 ms 以下）．一方，化学シナプスでは，軸索末端で**電位依存性カルシウムイオン**(Ca^{2+})**チャネル**が開口し，Ca^{2+} 濃度の上昇に伴って**シナプス小胞**が細胞膜と融合し，アセチルコリンやノルアドレナリン，γ-アミノ酪酸などの**神経伝達物質**がシナプス間隙に放出され

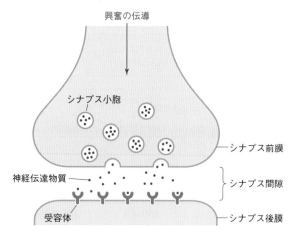

図 8・4　シナプスによる興奮の伝達　ニューロンの末端にあるシナプスでは，神経伝達物質を放出して次のニューロンへと興奮を伝達する．

る．シナプス後膜には，**伝達物質依存性チャネル**が多数存在する．**興奮性シナプス**では，伝達物質の刺激によりシナプス後膜で Na^+ チャネルが開口し，膜電位が上昇する．**抑制性シナプス**では，Cl^- チャネルや K^+ チャネルが開口することで膜電位が低下し，興奮が抑制される．

8・2 神経系による体内環境の調節

神経系は，**中枢神経系**と**末梢神経系**に大きく分けられる．脳と脊髄で構成される中枢神経系は，文字通り中枢の司令塔である．末梢神経系は，**体性神経系**と**自律神経系**に大きく分けられる（図8・5）．

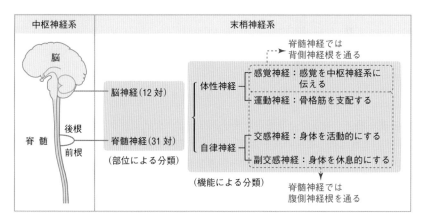

図8・5 ヒトの神経系

8・2・1 中枢神経系

a. 脳　脳は，**大脳，間脳，脳幹，小脳**から構成される（図8・6）．大脳は，**大脳基底核**と**大脳皮質，大脳髄質**に分けられる（大脳皮質と大脳髄質を合わせて**外套**とよぶ）．神経線維が集まり白く見える大脳髄質は，**白質**ともよばれる（図8・7）．一方，神経細胞体が集まる大脳皮質は灰白色をしているため，**灰白質**とよばれる．間脳は，**視床**と**視床下部**から構成され，大脳と脳幹の間に位置する．視床は，嗅覚を除くすべての感覚の中継点である．視床下部は，自律神経系と後述する内分泌系の中枢にあたる．脳幹は，**中脳，橋，延髄**の総称である．ここには，生命維持に欠かせない呼吸や循環の中枢が存在する．小脳は，脳幹の背側に位置し，体の平衡や運動の調節に関与している．

脳からは頭蓋骨のすきまを通って12対の末梢神経が出ており，**脳神経**とよばれる（図8・5）．脳神経細胞の細胞体は，嗅神経（第Ⅰ脳神経）と視神経（第Ⅱ脳神経）を除いて，すべて脳幹に存在する．

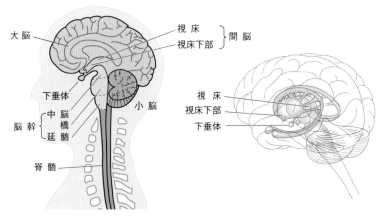

図8・6 ヒト中枢神経系の構造

b. 脊 髄 脊髄は，脳幹から伸びる円柱状の器官である．脊髄は椎骨内を走り，その下端は第一腰椎の高さまでとどく．大脳とは対照的に，内側が灰白質，外側が白質である（図8・7）．脊髄から椎骨と椎骨の間を通って31対の末梢神経の束が出ており，**脊髄神経**とよばれる（図8・5）．脊髄へのシグナル入力や脊髄からのシグナル出力に際して，感覚神経は背側の神経根（**後根**），運動神経と自律神経は腹側の神経根（**前根**）を経由する．

また，脊髄は**脊髄反射**の中枢としても重要である．感覚神経からの刺激が大脳を介さずに運動神経に伝わる反射という現象は，無意識かつとっさの応答を可能にし，生命活動の維持や危機回避には欠かせない．

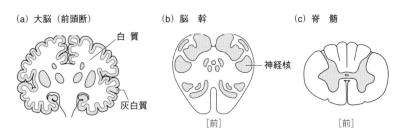

図8・7 灰白質と白質 灰白質は灰色，白質は白色で示す．

8・2・2 末梢神経系

　中枢神経系以外，すなわち脳や脊髄から出たニューロンは，**末梢神経系**とよばれ，**体性神経系**と**自律神経系**に分けられる（図8・5）．体性神経は，全身のさまざまな受容器からのシグナルを中枢神経系へと伝える**感覚神経**と，中枢からのシグナルを全身のさまざまな効果器へと伝える**運動神経**に分けられる．一方，自律神経系は，**交感神経**と**副交感神経**に分けられ，恒常性維持における重要な役割を担う．

　呼吸，循環，消化，吸収，排泄，体温調節，代謝，分泌などは，生命維持の根幹となる機能であり，意識による随意的な制御を受けない．自律神経系は，これらに関係する器官の平滑筋，心筋，腺組織を無意識的に支配している．このように意識とは別にはたらくことが，自律神経の名前の由来でもある．多くの器官は，交感神経と副交感神経の二重支配を受けている．また，一般的に，それらの作用は正反対で拮抗的である（図8・8）．

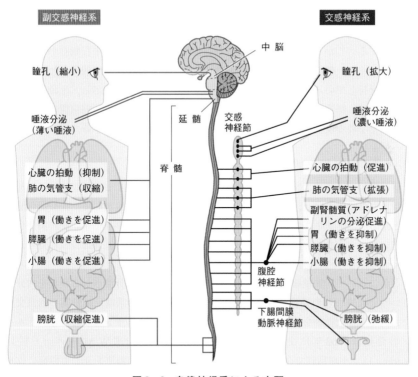

図8・8　自律神経系による支配

　自律神経系は，末梢の効果器に至るまでの間に一度シナプスを形成する．このシナプス形成部分を**自律神経節**，中枢神経系に細胞体をもつニューロンを**節前ニューロン**，自律神経節に細胞体をもつニューロンを**節後ニューロン**とよぶ．節前ニューロンの細胞体が存在する場所は，交感神経系と副交感神経系とで異なる．交感神経系では胸髄から腰髄の側角に広く分布するのに対し，副交感神経系の節前ニューロン細胞体は，脳幹と仙髄のみに存在する．節前ニューロンの軸索末端から分泌される物質はアセチルコリンであるが，交感神経系の節後ニューロンの軸索末端からは，多くの場合ノルアドレナリンが分泌される．副交感神経系の節後ニューロン軸索末端からは，**アセチルコリン**が分泌される．自律神経系の司令塔は視床下部にあり，視床下部に存在するニューロンが，自律神経系の節前ニューロンの細胞体を支配している（第 10 章参照）．

8・3　内分泌系のしくみ

　単細胞生物の場合は，外界からのある刺激に対して，一つの細胞が反応するだけで完結する．しかし，ヒトを含めた多細胞生物の場合，さまざまな細胞が集合して組織をつくり，組織が集合して器官をつくり，それらが協調して個体としての生命活動を維持している．したがって，外界の変化に個体として適応し，生命を維持するためには，細胞間の情報交換が必要不可欠である．ここでは，細胞間の情報交換において主要な役割を担う，内分泌系とホルモンについて説明する．

8・3・1　外分泌と内分泌

　腺組織でつくられた物質が導管を通って体表面や消化管などの管腔に分泌される現象を，**外分泌**という．外分泌系で分泌される代表的な物質として，汗や消化酵素などがある．トンネルを通過するときをイメージするとわかりやすいが，消化管は体内に存在するものの，口と肛門を開口部とする消化管の管腔側はつねに外界と通じており，体の外と考えることもできる．

　これに対して，腺組織などでつくられた物質が血液中に分泌される現象を**内分泌**という（血管などの管腔は外界と通じていない）．内分泌系は，細胞間の情報交換において重要な役割を担い，そこで分泌される物質は**ホルモン**とよばれる．ホルモンの発見は 1902 年にまでさかのぼる．英国の生理学者 W. M. Bayliss と E. H. Starling は，小腸粘膜で合成される物質（セクレチン）が血流を介して膵臓に作用し，膵液の分泌を促すことを発見した．Starling は，このような物質をホルモンと

よぶことを提唱した．ホルモンという言葉は，ギリシア語の "hormao（刺激する）" に由来する．

8・3・2 内分泌腺とホルモン

ホルモンは，特定の器官に存在する**内分泌腺**とよばれる細胞でつくられ，血液中に分泌される．内分泌腺が存在する器官は，中枢神経系の間脳の一部である視床下部から垂れ下がった**下垂体**，頸部の前面に位置する**甲状腺**，甲状腺の背面に存在する**副甲状腺**，腎臓の上内側に位置する**副腎**，胃の後方に位置する後腹膜臓器である**膵臓**，**消化管**，**性腺**（精巣と卵巣），**脂肪組織**など多岐にわたる（図8・9）．**視床下部**でも，特定のニューロンにおいてホルモンが合成される．視床下部の**室傍核**や**視索上核**などに存在する神経細胞は，他の内分泌腺のような腺組織構造をもたず，**神経分泌細胞**とよばれる．

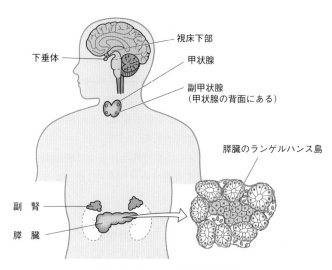

図8・9 ヒトのおもな内分泌器官

ホルモンの概念が誕生してから100年以上がたち，これまでに見つかっているホルモンは，50種類を超える．その間に，内分泌のなかには血流を介さない作用形態も存在することが，明らかになってきた．一つは隣接した細胞に作用する**傍分泌**（パラクリン），もう一つは分泌細胞自体に作用する**自己分泌**（オートクリン）である（図8・10）．

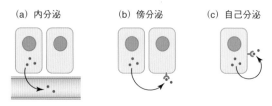

図8・10　さまざまな分泌様式

8・3・3　ホルモンとその受容体

　内分泌腺や神経分泌細胞から分泌されたホルモンは，おもに血流にのって運ばれる．ホルモンは，全身のすべての細胞に作用するというわけではなく，特定のホルモンに対応した**受容体**をもつ細胞（**標的細胞**）にのみ特異的に作用する．受容体は，存在する部位によって2種類に分けられる．一つは**核内**や**細胞質**に存在するタイプで，細胞内受容体という．もう一つは**細胞膜表面**に存在するタイプで，細胞膜受容体という．

　a. 細胞内受容体と脂溶性ホルモン　　副腎皮質ホルモンや甲状腺ホルモンは，脂溶性であり，脂質二重層構造の細胞膜を通り抜けて核内や細胞質にある受容体と結合し複合体を形成する（図8・11a）．この複合体は，DNAの特定部位に結合し，mRNAへの転写を調節する転写因子として作用する．その結果，生理的な機能を発揮するタンパク質の発現レベルが調節される．

　b. 細胞膜受容体と水溶性ホルモン　　水溶性ホルモンは細胞膜を通過することができず，その受容体は細胞膜表面に存在する（図8・11b）．ホルモンの細胞膜受容体は，さらに二つのタイプに分類される．

　一つは**酵素型受容体**であり，受容体を形成するポリペプチド鎖が細胞膜を1回だけ貫通する構造（細胞膜1回貫通型）をとる．受容体自体が**チロシンキナーゼ**としてはたらき，細胞内の下流のシグナル経路の活性化をもたらす．インスリン受容体がこのタイプにあたる．

　もう一つは，受容体のポリペプチド鎖が細胞膜を7回貫通し，その直下に三量体（α，β，γサブユニット）のGTP結合タンパク質（**Gタンパク質**）をもつ**Gタンパク質共役型受容体**である．たとえば，受容体が活性化されると，Gタンパク質のαサブユニットが解離して**アデニル酸シクラーゼ**を活性化する．アデニル酸シクラーゼが活性化されると，ATPが**cAMP**（環状アデノシン一リン酸，サイクリックAMP）に変換される．このほかに，ホスファチジルイノシトール（PI）が加水

分解されてイノシトール三リン酸（**IP₃**）とジアシルグリセロール（**DG**）が生成する系もある．cAMP や IP₃, DG などは，細胞外シグナル（一次メッセンジャー）に応じて細胞内のシグナルを伝達することから，**二次メッセンジャー**とよばれる．cAMP は，ある種のタンパク質リン酸化酵素を活性化し，細胞内の特定のタンパクのリン酸化を促すことで核にシグナルを伝達する．IP₃ はカルシウムチャネルを開く作用をもつ．

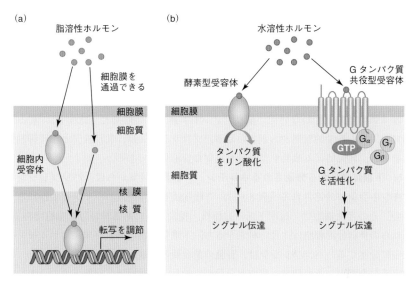

図 8・11　ホルモンと受容体　（a）脂溶性ホルモンは細胞内受容体を介して情報を伝達する．（b）水溶性ホルモンは細胞膜受容体（酵素型受容体と G タンパク質共役型受容体）を介して情報を伝達する．

8・4　内分泌系による体内環境の調節

8・4・1　ヒトの代表的なホルモンとその分泌器官

a. 下垂体前葉から分泌されるホルモン　　下垂体は，前葉，中葉，後葉に分けられる．前葉と中葉は，上皮性外胚葉に由来し，腺性下垂体ともよばれる．一方，後葉は，神経性外胚葉に由来し，神経性下垂体ともよばれる．下垂体前葉には 5 種類のホルモン産生細胞が存在し，後述する視床下部ホルモンの刺激により，**副腎皮質刺激ホルモン**（ACTH），**甲状腺刺激ホルモン**（TSH），**成長ホルモン**（GH），プ

ロラクチン（PRL），**黄体形成ホルモン**（LH），**卵胞刺激ホルモン**（FSH）[*1]の合計6種類のホルモンを分泌する．このうち LH と FSH は，同じ細胞から分泌され，合わせて**性腺刺激ホルモン**（ゴナドトロピン，Gn[*2]）ともよぶ（表 8・1）．

　成長ホルモンは，標的細胞への直接的な作用のほかに，肝臓を含むさまざまな組織において，**インスリン様成長因子 I**（IGF-I[*3]，別名ソマトメジン C）の産生を促す．成長ホルモンは，IGF-I と協調して効果を発揮し，骨を含め全身組織の成長を促す．また，成長ホルモンは，体の成長に必要なタンパク質同化を促進する作用や，脂質異化促進作用，抗インスリン作用，電解質貯留作用といった代謝を調節する作用ももつ．なお，代謝調節作用においては，成長ホルモンと IGF-I が異なるはたらきをする場合がある．成長ホルモンは，測定する時期帯によって血中濃度は大きく変動し，また，空腹や運動，睡眠などの生理的な刺激も成長ホルモン分泌に影響を与える．特に，睡眠開始から 1〜2 時間後には多量の成長ホルモンが分泌され，これは眼球運動を伴わない深い眠り（ノンレム睡眠）の時期と一致する．"寝る子は育つ"にも科学的の根拠があるといえる．プロラクチンは，乳汁分泌と性腺抑制作用をもち，乳児による吸乳刺激が最も重要な分泌刺激である．

　b. 下垂体後葉から分泌されるホルモン　　下垂体後葉からは，**バソプレシン**と**オキシトシン**が分泌される（表 8・1）．これらは下垂体後葉ホルモンとよばれるものの，その産生細胞は，視床下部の室傍核，視索上核にある神経分泌細胞である．これらの神経分泌細胞は，長い軸索をもち，下垂体後葉の軸索終末よりホルモンを血中に分泌する．バソプレシンは，腎臓の集合管の細胞がもつ受容体に作用し，水の再吸収を促す．その結果，体内水分量が増加し，血漿浸透圧が低下する．また尿量が減少（抗利尿）することから，**抗利尿ホルモン**（ADH）[*4]ともよばれる．細胞外液量の減少，循環血液量の減少，血圧低下などが分泌刺激となる．オキシトシンは，子宮収縮作用や乳汁分泌作用をもつ．

　c. 視床下部から分泌されるホルモン　　視床下部にある神経分泌細胞は，下垂体前葉にある内分泌細胞を標的としたホルモンを合成し，下垂体門脈系に分泌する（表 8・1）．視床下部ホルモンは，放出ホルモンと抑制ホルモンに分けられ，前述の下垂体前葉ホルモンの合成と分泌を制御している．現在，その生理作用が

---

*1 ACTH: adrenocorticotropic hormone　　TSH: thyroid stimulating hormone
　　GH: growth hormone　　　　　　　　　PRL: prolactin
　　LH: luteinizing hormone　　　　　　　FSH: follicle stimulating hormone
*2 Gn: gonadotropin
*3 IGF-I: insulin-like growth factor-I
*4 ADH: antidiuretic hormone

表8・1　ヒトのおもなホルモン

分泌部位	ホルモン（略語，別名）	おもな作用
視床下部	成長ホルモン放出ホルモン（GHRH）	下垂体前葉ホルモンの合成と分泌を調節
	甲状腺刺激ホルモン放出ホルモン（TRH）	
	副腎皮質刺激ホルモン放出ホルモン（CRH）	
	黄体形成ホルモン放出ホルモン（LHRH）	
	ソマトスタチン	
	プロラクチン抑制因子	
	プロラクチン放出ホルモン	
下垂体前葉	副腎皮質刺激ホルモン（ACTH）	副腎皮質に作用しステロイドホルモンの放出を促す
	甲状腺刺激ホルモン（TSH）	甲状腺に作用し甲状腺ホルモンの放出を促す
	成長ホルモン（GH）	タンパク質同化，血糖値上昇，脂質異化，抗インスリン
	プロラクチン	乳汁分泌と性腺抑制作用
下垂体後葉	バソプレシン（ADH）	腎臓集合管にある主細胞に作用し水の再吸収を促す
	オキシトシン	子宮収縮，乳汁分泌
甲状腺	サイロキシン（T_4）	・組織の分化と成熟，成長への作用 ・生体内のさまざまな化学反応の促進
	トリヨードサイロニン（T_3）	
	カルシトニン	血中カルシウム濃度低下
副甲状腺	副甲状腺ホルモン（パラソルモン）	血中カルシウム濃度増加
副腎皮質	糖質コルチコイド	タンパク質異化，血糖値上昇，脂肪分解，抗炎症作用
	電解質コルチコイド	腎集合管，汗腺などでNa^+再吸収とK^+排泄を促す
	副腎アンドロゲン	男性テストステロンの供給源
副腎髄質	アドレナリン	血圧上昇，心拍数増加，血糖値上昇，脂肪分解亢進
膵臓	インスリン	血糖値低下
	グルカゴン	血糖値上昇

確認されている視床下部ホルモンは，**成長ホルモン放出ホルモン（GHRH），甲状腺刺激ホルモン放出ホルモン（TRH），副腎皮質刺激ホルモン放出ホルモン（CRH），黄体形成ホルモン放出ホルモン（LHRH）**[*1]，ソマトスタチン（成長ホルモン抑制ホルモン），**プロラクチン抑制因子，プロラクチン放出ホルモン**の7種類である．下垂体後葉から分泌されるバソプレシンとオキシトシンは，視床下部にある神経分泌細胞で合成されるが，視床下部ホルモンには含めない．プロラクチン抑制因子とプロラクチン放出ホルモンは，プロラクチン分泌を制御する物質の総称である．プロラクチン抑制因子としては，ドーパミンが中心的な役割を果たす．

　　d. 甲状腺から分泌されるホルモン　　　甲状腺の濾胞上皮細胞から分泌される甲状腺ホルモンには，**サイロキシン**[*2]（T_4），**トリヨードサイロニン**[*2]（T_3），**リバーストリヨードサイロニン**（rT_3）の3種類が存在する（表8・1）．血中を循環する甲状腺ホルモンのほとんどはT_4であるが，肝臓などでT_4が脱ヨウ素化されることにより少量のT_3が生成する．T_3は量的にはわずかであるが，活性はT_4のおよそ15倍強いとされる．rT_3もT_4の脱ヨウ素化で生じるが，甲状腺ホルモンとしての活性をもたない．血中に分泌された甲状腺ホルモンは，通常は**サイロキシン結合グロブリン（TBG）**[*3]，**サイロキシン結合プレアルブミン**（TBPA，別名トランスサイレチン）やアルブミンと結合し，不活性化状態となる．T_4やT_3のほとんどはタンパク質結合型であり，ホルモンとしての作用を発揮する遊離型は，ごく一部に過ぎない．

　甲状腺ホルモンは，生体内の代謝を活性化し，組織の分化や成熟を促進する作用をもつ．たとえば，細胞の基礎代謝率と酸素消費量，熱産生を増加させる．また，腸管からの糖吸収，肝臓における糖新生を促し，血糖値を上昇させる．脂質代謝においては，低密度リポタンパク質（LDL）[*4]受容体の発現を亢進させ，細胞内へのLDLコレステロール（いわゆる悪玉コレステロール）の取込みを促進させる．その結果，血中LDLコレステロール値は低下する．一方，脳の発達期には，神経細胞の増殖と分化，樹状突起やシナプスの形成など，中枢神経系の発達を促す．このため，新生児期における甲状腺ホルモン欠乏は，精神運動発達遅滞の原因となる．成体においても，脳機能の維持にも重要であり，その作用が過剰になると精神活動

---

*1　GHRH: GH releasing hormone　　　　　TRH: TSH releasing hormone
　　CRH: corticotropin releasing hormone　　LHRH: LH releasing hormone
*2　サイロキシンはチロキシン，トリヨードサイロニンはトリヨードチロニンともいう．
*3　TBG: thyroxine binding globulin
*4　LDL: low density lipoprotein

が高まり，易怒性や食欲亢進，不眠をひき起こす．反対に，作用が不足すると，無気力状態，記憶力低下，食欲低下などを生じる．また，成長ホルモン産生細胞に直接作用することで，成長ホルモンの産生・分泌を促し，組織の成長にも関与する．心臓では，心筋収縮を促して心拍出量を増加させ，交感神経 β_1 受容体の発現を促して心拍数を増加させる．一方，血管平滑筋を弛緩させ，末梢血管を拡張させる．このため，甲状腺機能が亢進すると，収縮期血圧が上昇し，拡張期血圧は低下することから，その差である脈圧が増大する．

　甲状腺の傍濾胞細胞（C細胞）からは**カルシトニン**が分泌され，骨吸収を抑制し，血中カルシウム濃度を低下させる（表8・1）．

　e. 副甲状腺から分泌されるホルモン　　甲状腺の背面に存在する副甲状腺からは，**副甲状腺ホルモン**（PTH*，別名パラソルモン）が分泌される（表8・1）．副甲状腺ホルモンは，おもに骨と腎臓にある標的細胞に作用し，血中カルシウム濃度を増加させる．

　骨は，骨芽細胞による骨形成と，破骨細胞による骨吸収により，つねに再構築が行われている．副甲状腺ホルモンは，骨吸収を促すことで，カルシウムの宝庫である骨から血中にカルシウムを放出させる．一方，腎臓では，副甲状腺ホルモンは，近位尿細管においてリンの再吸収を抑制し，遠位尿細管においてカルシウムの再吸収を促進する．

　f. 副腎から分泌されるホルモン　　副腎皮質からは，**糖質コルチコイド，電解質コルチコイド，副腎アンドロゲン**が分泌される（表8・1）．これらは，コレステロールを前駆体としてつくられ，ステロイド核をもつことから，**ステロイドホルモン**ともよばれる．糖質コルチコイドにはコルチゾールやコルチコステロンなどがあり，そのおもな作用は，タンパク質の異化による糖新生亢進である．電解質コルチコイドとして最も強い活性を示すのはアルドステロンで，腎集合管，汗腺などに作用して Na^+ 再吸収と K^+ 排泄を促す．副腎アンドロゲンは性ホルモンとして作用する．

　副腎髄質の**クロム親和性細胞**（**褐色細胞**）からは，**カテコールアミン**（**アドレナリンとノルアドレナリン**）が分泌される（表8・1）．ただし，ヒトの副腎髄質では，アドレナリンを分泌する細胞が80％以上を占める．ノルアドレナリンは交感神経の節後ニューロン終末からも分泌される．アドレナリンも神経節や脳神経系において神経伝達物質としても作用するが，おもには副腎髄質によって産生・分泌され，

---

* PTH: parathyroid hormone

ホルモンとして作用する．アドレナリンは，皮膚や粘膜の α_1 受容体に結合して末梢血管を収縮（血圧上昇）させ，心筋の β_1 受容体に結合して心拍数増加，心筋収縮力の増強をもたらす．また，β_2 受容体を介して気管支平滑筋の弛緩（気管支拡張），肝臓におけるグリコーゲン分解を促す．さらに，β_3 受容体を介して脂肪分解を促す．

　　g. 膵臓から分泌されるホルモン　　膵臓の外分泌腺組織に散在する内分泌腺細胞のかたまりを，発見者にちなんで**ランゲルハンス島**とよぶ．ランゲルハンス島の **α 細胞**からは**グルカゴン**，**β 細胞**からは**インスリン**，**δ 細胞**からは**ソマトスタチン**がそれぞれ分泌される（表 8・1）．グルカゴンは，肝臓でのグリコーゲン分解や糖新生を促し，血糖値を上昇させる．一方，1921 年にトロント大学の整形外科医 F. G. Banting と医学生の C. Best によって発見されたインスリンは，生物で確認されている唯一の血糖降下ホルモンである．Banting は，この功績により 1923 年にノーベル医学生理学賞を受賞した．インスリン遺伝子からプレプロインスリンを経て生成されたプロインスリンは，タンパク質分解酵素により切断されてインスリンと **C ペプチド**に分離する．両者が 1 対 1 の割合で血中に分泌されることから，血中 C ペプチドは内因性インスリン分泌能を評価する指標に用いられている．インスリンは，肝臓でのグリコーゲン合成を促す．また，**グルコース輸送体**（GLUT）* を介してグルコースの骨格筋や脂肪組織への取込みを促す．

8・4・2　ホルモン分泌の調節機構

　　ホルモンは，全身のさまざまな器官から分泌され，微量でその効果を発揮している．したがって，ホルモン分泌は過不足なく厳密に調節される必要があり，ホルモン作用の過剰や不足は，さまざまな内分泌疾患の発症につながる（p.128 のコラム 9 参照）．血中のホルモン濃度を適正な範囲に維持するために，生体にはフィードバック機構が備わっている（図 8・12）．

　　たとえば，血中で甲状腺ホルモンや副腎皮質ホルモンの濃度が上昇すると，これらのホルモンは，下垂体前葉の TSH や ACTH 産生細胞，視床下部の TRH や CRH 産生細胞をそれぞれ抑制する．これによって，それ以上の分泌が起こらないようにしている．TSH や ACTH も，その上位ホルモンである TRH や CRH の分泌を抑制する．このようなフィードバックを**ネガティブフィードバック**とよび，多くのホルモン分泌がこのような調節を受ける．

---

　　* GLUT: glucose transporter

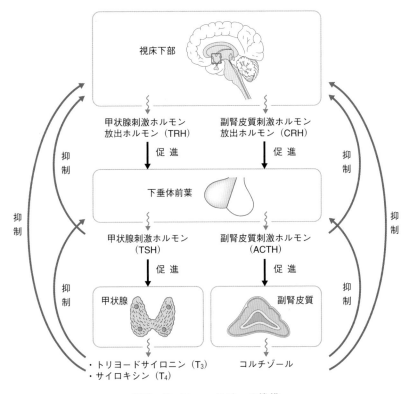

図8・12 フィードバック機構

8・5 自律神経系と内分泌系による協同的な体内環境の調節

　体内環境の維持に欠かせないさまざまな生理現象が，自律神経系と内分泌系の協調作用によって制御されている．ここでは，体温調節，血糖値の調節，体液濃度の調節における自律神経系と内分泌系の協調作用について説明する．

8・5・1 自律神経系と内分泌系による体温の調節

　恒温動物（哺乳類や鳥類）の体温の変動は，外界の温度変化に関係なく数℃以内の範囲に保たれている．体温の変化は，生体内の代謝や免疫細胞の機能などに大きく影響するため，体温調節は生体の恒常性維持において重要である．

　哺乳類では，寒冷環境下において**熱産生**が亢進し，**熱放散**が減少する．誰しもが

経験したことがある"ふるえ"は，中枢神経系からのシグナルにより，運動神経系を介して無意識的かつ不随意的に骨格筋が収縮する現象で，**ふるえ熱産生**とよばれる．一方，交感神経系のシグナルにより**褐色脂肪組織**において脂肪が分解されると，代謝性に熱産生が亢進する（**非ふるえ熱産生**）．また，交感神経系のシグナルは，体表の立毛筋や血管平滑筋を収縮させる．**立毛**（鳥肌）により皮膚表面を覆う空気の層が厚くなり，断熱効果が生じる．末梢血管を収縮させることで，熱の放散量を減少させる．さらに，寒冷刺激を受容した中枢神経系は，甲状腺ホルモン，糖質コルチコイド，アドレナリンの産生と分泌を促進する．これにより，全身の組織において**基礎代謝**と**酸素消費**が亢進し，熱産生が増加する．また，糖新生亢進や脂肪分解亢進により生じるグルコースや脂肪酸の一部は，熱産生のエネルギー源として用いられる．

コラム9 　ホルモン分泌の異常により起こる病気

ホルモンは，必要なタイミングで分泌され，微量でその効果を発揮する．ホルモン分泌や調節機構の異常により発症するさまざまな疾患を紹介する．

成長ホルモンの過剰産生により，下垂体性巨人症（骨端線閉鎖前）や先端巨大症（骨端線閉鎖後）を発症する．骨端線閉鎖以前の成長ホルモンの分泌不足は，成長ホルモン分泌不全性低身長症の原因となる．

視床下部，下垂体後葉の異常により**抗利尿ホルモン**の産生と分泌が障害されると，水の再吸収がうまくいかなくなり，多尿や血管内脱水，口渇などの症状がでる（中枢性尿崩症）．

甲状腺刺激ホルモン受容体を持続的に刺激する異常な自己抗体が産生されると，**甲状腺ホルモン**の持続的な過剰分泌が起こり，バセドウ病を発症する．先天性甲状腺機能低下症は，新生児期のクレチン症発症，精神運動発達遅滞の原因となることから，出生時の新生児マススクリーニング検査の対象に含まれている．また，自己免疫によって甲状腺細胞が破壊されると橋本病を発症する．

下垂体腺腫に伴い**副腎皮質刺激ホルモン**の分泌亢進が生じると，クッシング症候群を発症する．副腎からのステロイドホルモン分泌が低下する副腎皮質機能低下症はアジソン病とよばれる．アジソン病は自己免疫学的に発症することが多く，橋本病と合併する場合は，シュミット症候群とよぶ．副腎髄質のクロム親和性細胞で生じる褐色細胞腫は，カテコールアミンの過剰産生，分泌をひき起こす．

　反対に熱射環境下では，皮膚の血管拡張により血液は体表近くを流れ，熱放散が促される．また，交感神経系のシグナルにより汗腺が刺激され，**発汗**による熱放散が促される．

8・5・2　自律神経系と内分泌系による血糖値の調節

　グルコース代謝は，生体内のエネルギー通貨である ATP（§3・3を参照）の産生においてきわめて重要である．**血中グルコース濃度（血糖値）**もまた自律神経系と内分泌系の協調作用により厳密に制御されている．ヒトの血糖値は 100 mg/dL 前後で一定に保持されており，これは**インスリン**の基礎分泌による．

　a. 血糖値が上昇したとき　　食後に血糖値が上昇すると，膵臓ランゲルハンス島の β 細胞からインスリンが分泌される．また，血糖値上昇を感知した視床下部では**満腹中枢**が刺激され，摂食行動が抑制される．血糖値上昇と直接的な関係はないとされるものの，食物摂取時には副交感神経である**迷走神経（第 X 脳神経）**が味覚刺激などに伴い興奮し，膵臓でのインスリン分泌を促す．インスリンによる血糖値制御がうまくはたらかなくなると，持続的な血糖値の上昇から糖尿病の発症に至る．**糖尿病**は，自己免疫学的な機序により β 細胞が破壊されてインスリンが分泌できなくなることによる **I 型糖尿病**と，インスリン分泌量の低下やインスリンが作用しにくくなる（**インスリン抵抗性**）ことが原因で発症する **II 型糖尿病**がある．いわゆる生活習慣病といわれるのは，後者のほうである．慢性的な高血糖状態は，全身の血管障害の原因となり，網膜症や腎障害，神経障害といった合併症を生じる．また，動脈硬化の進行に伴い，脳梗塞や心筋梗塞のリスクも増大する．

　b. 血糖値が低下したとき　　血糖値が低下すると，視床下部の**空腹中枢**が刺激されて摂食行動が促される．さらに，成長ホルモン放出ホルモンや副腎皮質刺激ホルモン放出ホルモンが放出されて，下垂体前葉からの成長ホルモンや副腎皮質刺激ホルモンの産生，分泌が促される．副腎皮質刺激ホルモンは，副腎皮質からの糖質コルチコイド分泌を促す．また，交感神経系のシグナルによりインスリン分泌は抑制され，膵臓ランゲルハンス島の α 細胞からはグルカゴンが分泌される．これらのホルモンの上述した作用により，血糖値が上昇する．

8・5・3　自律神経系と内分泌系による体液濃度の調節

　脱水症や出血などで体液量が減少したときには，**交感神経系**の刺激により，副腎からアドレナリンが分泌され，血管収縮により腎血流量を減少させる．腎臓からは**レニン**が分泌され，肝臓で産生された**アンギオテンシノーゲン**から**アンギオテンシ**

ンⅠを生成する．アンギオテンシンⅠは，**アンギオテンシン変換酵素**によってアンギオテンシンⅡに変換される．**アンギオテンシンⅡ**は，副腎髄質からの**アルドステロン**分泌を促す．内分泌系では，**バソプレシン**の作用により尿細管での水の再吸収が増加し，尿量が減少する．このように，体液の量と内部に含まれるさまざまな物質の濃度は，腎臓や肝臓，循環器系，自律神経系，内分泌系が協調してはたらくことにより維持されている．この制御の破綻は，ただちに生命維持の危機につながる重篤な病態をひき起こす．

たとえば，血中カリウム濃度は，3.5〜5.0 mEq/L*の範囲に維持されている．腎不全や急激な細胞崩壊（白血病などの抗がん剤治療後）などにより，高カリウム血症が生じると，筋力低下や心室細動などの致死的な不整脈がひき起こされる．

---

* mEq/L とは，電解質の濃度を表す単位．ミリ等量．1 L の溶液中に含まれる物質量（mmol）とイオン価数の積．

9 動物の生体防御機構

▶ 行動目標
1. 免疫における自己と非自己を説明できる.
2. 免疫系の構成を説明できる.
3. 自然免疫のしくみを説明できる.
4. 獲得免疫のしくみを説明できる.
5. T 細胞と B 細胞について説明できる.

　動物の体内環境を維持するしくみを第 8 章で学んだが, 病原微生物などの体外からの侵入者に対しても守られることが重要である. 免疫はそのしくみであり, がんや臓器移植など, 私たちの健康や医療にも関係が深い. しかし, 花粉症やアレルギー, アナフィラキシーショックの原因にもなる. ここでは, 免疫のしくみについて述べる.

9・1 免疫と免疫学

9・1・1 免疫とは何か

　免疫という言葉は, 生命科学の分野のみならず, 一般社会でも広く使われている. たとえば麻疹は, 麻疹ウイルスの感染により起こる疾患であるが, 一度罹患して治ると, 通常生涯にわたって二度と発症しない. 一般に, このような状態を, "麻疹に対して免疫がある" と表現する. この言葉は, 免疫のはたらきを的確に表現しているが, それでも, 私たちの体に備わる免疫のはたらきのほんの一部を表しているにすぎない. 実際の免疫のはたらきはより多彩であり, 生命科学という学問領域においては, より包括的かつ一般的に定義する必要がある.

　生命科学では, 免疫を, 自己と非自己を識別して非自己を排除する生体防御機構と定義する. すなわち, 免疫は, 生体内のあらゆる物質, 細胞, 組織, 生命体を吟味して, 自己を構成するものでないと判断した場合には, 積極的にそれを排除して体を健康な状態に保つ機構である. 生まれつき免疫系に異常がある遺伝性疾患 (免疫不全症) の患者では, 健常人であれば容易に排除できるウイルスや細菌を排除できず, 重篤な感染症を繰返す. この事実から, 免疫機構は私たちが健康な状態を保つために必須の機構であるといえる.

9・1・2　免疫における自己と非自己

　それでは，免疫における**自己**と**非自己**には，それぞれどのようなものが含まれる
であろうか（図9・1）．当然ながら，自己の体を構成する分子（タンパク質，多糖，
脂質など），細胞，組織は，自己に含まれる．正常な免疫は，これらに対して決し
て攻撃をしない．この状態を自己に対する**免疫寛容**とよぶ．一方で，非自己には，
細菌，ウイルス，寄生虫が含まれ，免疫系は積極的にこれを排除しようとする．

　この"自己（＝排除しないもの）"と"非自己（＝排除するもの）"の分類は，そ
の言葉の意味からも容易に推測でき，理解しやすい．しかし，実際の免疫系による
認識は，これほど単純ではなく，多くの例外が存在することがわかっている．たと
えば，自己の細胞由来であっても免疫系が積極的に排除するものに，がん細胞があ
る．がん細胞は，自身を構成する細胞が変化したものであり，正常な細胞と多くの
性質を共有している．しかしながら免疫は，正常な細胞とがん細胞の差を鋭敏に察
知し，がん細胞のみを排除する能力をもっている．また，ウイルスに感染した細胞
も自己の細胞であるが，免疫は，ウイルス感染の目印を見つけしだい，この細胞を
殺して排除しようとする．このように免疫系は，自己の細胞由来のものであっても
生体にとって危険な細胞は"危険な自己"として，これを排除する．

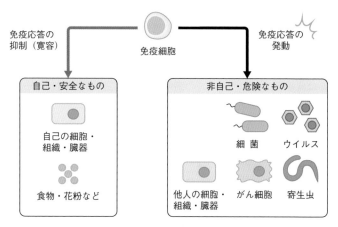

図9・1　免疫応答をひき起こす基準

　一方で，明らかに非自己あっても，免疫系が攻撃しない場合がある．たとえば，
私たちが毎日食べている食物は，ヒト以外の生物由来であり，非自己である．しか
し免疫系はこれを排除しない．また，花粉は，通常ヒトにとって無害であり，体内
に取込んでも，免疫系がこれを排除しようとする反応は弱い．これらの例からもわ

かるように，免疫系は，"安全な非自己"に対しては通常応答しない．

　以上のことから，免疫応答が起こるか否かの判断基準は，"自己か非自己か"と"安全か危険か"の二つがあることがわかる．免疫がこの二つの判断をくだすしくみは，ある程度解明されてきたが，いまだ不明な点も多い．

コラム 10　臓 器 移 植

　重度の心臓疾患や肝臓疾患では，心臓や肝臓の機能を治療によって回復させることが難しい場合がある．そのようなときには**臓器移植**が唯一の治療法である．臓器を提供する側を**ドナー**とよび，移植される側を**レシピエント**とよぶ．ドナーとレシピエントはどちらもヒトであり，遺伝子の塩基配列もほとんど同じであることから，ドナーの臓器はレシピエントにおいても問題なくはたらくように思われる．しかし実際には，免疫系が移植臓器を攻撃して，これを排除しようとする反応（**拒絶反応**）が起こる．それでは免疫系は，どのようにして自分の臓器と移植臓器を見分けているのであろうか．この拒絶反応には，**ヒト白血球抗原複合体**（human leukocyte antigen complex，**HLA**）とよばれる分子が関わっている．HLA にはいくつかの遺伝子座が存在するが，それぞれの遺伝子の塩基配列はヒトによって異なる（これを **HLA 多型**という）．免疫系は，この HLA の多型を鋭敏に認識して，自己と異なる HLA 型をもつ細胞を非自己と判断して攻撃してしまうのである．したがって，臓器移植の際には，HLA の型ができるだけ近い人から臓器を提供してもらい，拒絶反応を抑える必要がある．HLA は，**主要組織適合遺伝子複合体**（major histocompatibility complex，**MHC**）ともよばれるタンパク質であり，T 細胞に対する抗原提示に必要な分子である（§9・3・6を参照）．

9・1・3　免疫の異常と疾患

　免疫は，私たちの体を健康に保つために必須であり，その異常は，多くの疾患の病理に関係している．図9・2は，免疫の異常と疾患の関係を図に表したものである．横軸に免疫の判断基準，縦軸に免疫応答の強さ（有無）をプロットすると，健康なヒトでは，ⅠおよびⅢの状態にあるといえる．免疫応答がⅠおよびⅢの状態から外れると，さまざまな疾患の発症につながる恐れがある．たとえばⅡは，免疫系が自己や安全な非自己に対して応答する状態を示している．ここに含まれる**自己免疫疾患**では，自己に対する**免疫寛容**状態が破綻し，自己の細胞や臓器に対する免疫応答により組織障害が起こる．この疾患には，関節リウマチや全身性エリテマトー

デスなどが含まれる．また，"安全な非自己"である食物や花粉に対して免疫が過剰に応答する異常を，総称して**アレルギー**とよんでいる．食物アレルギーや花粉症は，近年，患者数が急増しており，わが国において深刻な社会問題となっている．一方で，図9・2のⅣの状態は，本来免疫が排除すべき対象に対して適切な免疫応答が起こらない状態を表しているが，これも多くの疾患でみられる異常である．たとえばウイルス性肝炎のなかには，C型肝炎のようにウイルスを体内から完全に

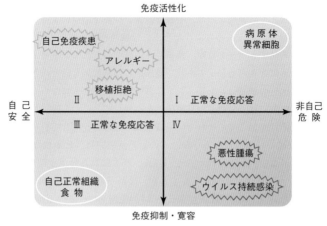

図 9・2　免疫応答の性質

コラム 11　がんにおける免疫応答の回避とがん免疫療法

　がん患者において，がん細胞がどのようにして免疫からの攻撃を逃れているかについては，いくつもの可能性が考えられるが，本庶佑博士は，ある種のがん細胞が免疫細胞のはたらきに直接ブレーキをかけていることを発見した．T細胞の細胞表面には**PD-1**とよばれる分子が存在するが，この分子はT細胞の免疫応答が過剰に起こらないように調節するはたらきがある．本庶博士は，ある種のがん細胞自身が，このPD-1とよばれる分子を刺激することによって，がんに対する免疫応答を抑制していることをつきとめた．実際，PD-1分子に対する抗体を薬として使用すると，がん細胞からの刺激が抑制され，T細胞ががん細胞を攻撃できるようになった結果，がんが縮小あるいは消滅することが実証された．本庶博士はこの**がん免疫療法**の開発に関する功績により，2018年にノーベル生理学・医学賞を受賞した．

排除できずに，持続的にウイルス感染が続く場合があり，この状態が続くと肝臓の機能が著しく低下したり（肝硬変），肝癌が発生したりする．これはウイルスに対して免疫応答が不十分な状態と捉えることができる．また，後天性免疫不全症候群（AIDS）の原因ウイルスであるヒト免疫不全ウイルス（HIV）は，おもに免疫細胞の一種であるT細胞に感染してその数を減少させ，免疫不全状態をひき起こすため，感染者は，HIVの排除ができないばかりか，多くの感染症に対する抵抗性が減弱する．また，がん患者では，"危険な自己"であるがん細胞に対する免疫応答が何らかの原因で支障をきたすことが，がん細胞が排除されずに増殖する一つの理由と考えられる．このように，免疫とは直接関係がないように思われる疾患でも，免疫応答の異常がその発症や進展に深く関与している．

9・1・4　免疫学の始まり

　ここで，免疫学の始まりについて説明をしておこう．免疫学の始まりは，Edward Jenner（エドワード ジェンナー）（1749〜1823年）に求められる．Jennerは，**天然痘**の予防法を考案し，その効果を実証した．当時猛威をふるっていた天然痘は致死性のヒト感染症として恐れられていたが，Jennerは，牛の乳搾りをしている女性が天然痘によく似た牛痘（ヒトがかかっても軽度の症状しかでない）に感染すると，天然痘には感染しないことに気がついた．牛痘に感染することで天然痘に対する抵抗性を獲得するのではないかと考えた彼は，牛痘の病変部位（水ぶくれ）をヒトに接種することにより，天然痘の発症を予防できることを実証した．この予防法は，現在の**ワクチン**の起源となるものである．天然痘のワクチンは，20世紀になって世界中で大規模に実施され，ついに1979年に世界保険機構（WHO）が天然痘撲滅宣言を出すという輝かしい成果に結びついた．Jennerは，天然痘が天然痘ウイルス感染により起こる疾患であることも，ワクチンが有効な理由についても知らなかったが，現在では，このワクチンが，同種の病原体に対する免疫応答を強化すること，すなわち，後述する"免疫記憶"を誘導することがわかっている．このように免疫学は，その端緒から疾患の予防や治療と密接に関連した学問であり，実際に多くの基礎研究の成果が医療に応用され，成功を収めている．

9・2　免疫系の構成

9・2・1　免疫応答を担う主体

　免疫による非自己や危険な自己の排除は，どの細胞が，いつ，どこで，どのよう

に行うのであろうか. 免疫のはたらきを担う主体は, **免疫細胞**とよばれる細胞である（図9・3）. 免疫細胞には複数の種類があり, そのほとんどは骨髄でつくられる. おもな免疫細胞とその特徴は以下のとおりである.

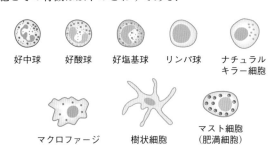

図9・3　免　疫　細　胞

① **好中球**: ヒトの血液中に最も多く存在する免疫細胞である. 細菌を細胞内に取込み, リソソームとよばれる細胞小器官の中で, 活性酸素や酵素のはたらきにより殺菌する.

② **好酸球**: 寄生虫感染に対してはたらく.

③ **好塩基球**: 機能やはたらきはあまりわかっていない.

④ **リンパ球**: 後述する獲得免疫を担う免疫細胞で, 大きく分けて **T 細胞**と **B 細胞**の2種類が存在する. T 細胞は細胞性免疫を担う細胞で, 他の免疫細胞のはたらきを強化あるいは抑制する細胞（ヘルパー T 細胞および制御性 T 細胞）と, 異常な細胞に細胞死を誘導する細胞（細胞傷害性 T 細胞）がある. B 細胞は, 抗体を産生する細胞である.

⑤ **ナチュラルキラー細胞**（NK 細胞）: 体内の異常な細胞に細胞死を誘導して, これを排除するはたらきがある. 正常な細胞は攻撃しないが, これは正常な細胞の表面には, NK 細胞の細胞傷害活性を抑制するはたらきをもつタンパク質があるためである.

⑥ **マクロファージ**および**単球**: マクロファージという名称は, 大きい（マクロ）, 貪食細胞（ファージ）という意味でつけられた. この細胞は, 平常時から各組織に存在するが（組織常在マクロファージ）, 感染や組織傷害が起こると, 血液中の単球が組織に移行して, マクロファージになる（単球由来マクロファージ, あるいは炎症性マクロファージ）と考えられている. 好中球と同様に, 細菌を貪食して殺菌する機能があるが, 感染や組織傷害時には, **炎症サイトカイン**とよばれるタンパク質を産生, 放出することで炎症を誘導する. 一方で, 組織傷害の原因

の除去あるいは病原体の排除ののちは，炎症を鎮め，組織の修復に関与する．

⑦ **樹状細胞**：マクロファージに近い細胞であるが，この細胞の最大の特徴は，T
　細胞に対する強力な抗原提示能を有していることである．この機能により，自然
　免疫応答と獲得免疫応答の架け橋となっている．

⑧ **マスト細胞**（肥満細胞）：細胞内に，ヒスタミンなどの化学物質を含んだ顆粒を
　多く含んでおり，刺激により顆粒内の物質を細胞外に放出する．花粉症などのア
　レルギーに関与する細胞として知られている．

9・2・2 免疫細胞の循環と相互作用

　骨髄でつくられた免疫細胞は，血液中に放出され，全身を循環する（図9・4）．
免疫細胞の通り道には，血管以外にも**リンパ管**とよばれる脈管が存在する．リンパ
管は，各組織の細胞間に存在する液体（リンパ液）を集める管であるが，免疫細胞

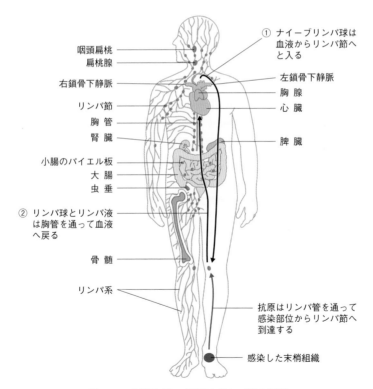

咽頭扁桃
扁桃腺
右鎖骨下静脈
リンパ節
胸 管
腎 臓
小腸のパイエル板
大 腸
虫 垂
② リンパ球とリンパ液
　は胸管を通って血液
　へ戻る
骨 髄
リンパ系

① ナイーブリンパ球は
　血液からリンパ節へ
　と入る
左鎖骨下静脈
胸 腺
心 臓
脾 臓

抗原はリンパ管を通って
感染部位からリンパ節へ
到達する
感染した末梢組織

図9・4　主要なリンパ器官とリンパ球の循環

もこの管を通って全身を循環している．リンパ系と血管系は**胸管**とよばれる管を介してつながっている．細菌やウイルスの感染が起こると，免疫細胞は，この二つの脈管系を介して感染局所に集積し，病原体の排除を行う．リンパ管には，ところどころに**リンパ節**とよばれる免疫細胞の"中継基地"の役割を担う構造物が存在している．リンパは，Tリンパ球（T細胞），Bリンパ球（B細胞），樹状細胞，マクロファージなどの免疫細胞が所定の場所に局在しており，感染が起こったときに，免疫細胞どうしが病原体の情報を交換したり相互作用をしたりする場になっている．通常のかぜより重症な感染症に罹患した場合などは，このリンパ節での免疫細胞間の相互作用が活発になり，細胞数も増加するため，リンパ節の体積が増す．一般に"リンパ節が腫れる"という表現は，多くの場合，このような状態をさしている．リンパ節と同様の機能を有する**脾臓**という臓器が存在するが，これはおもに，血管内を循環する免疫細胞の中継基地として機能している．

9・3　自然免疫と獲得免疫

9・3・1　免疫系の二つのシステム

　ヒトには，**自然免疫**と**獲得免疫**とよばれる二つの免疫機構が存在している（表9・1）．自然免疫はすべての多細胞生物に存在するが，獲得免疫は脊椎動物のみが有していることから，自然免疫機構が先に存在し，進化の過程で獲得免疫機構が構築されたと考えられる．この二つの免疫機構は，ともに非自己および危険な自己を認識し排除することを目的としているが，その戦略は大きく異なる．

表9・1　自然免疫と獲得免疫の比較

自然免疫	獲得免疫
ほぼすべての生物に存在	高度な脊椎動物にだけ存在
担当細胞：マクロファージ，好中球など	担当細胞：リンパ球など
免疫記憶がない	免疫記憶がある
病原体を感知すればただちに効果	効果が出るには時間が必要
病原体とある程度，特異的に反応	病原体と特異的に反応

9・3・2　自然免疫の戦略

　自然免疫は，英語でinnate immunityというが，これは"生まれながらにしてもっている免疫"という意味である．事実，ヒトの自然免疫による非自己および危

険な自己の認識能力と排除能力は，基本的に一生涯変化しないと考えられる．それでは，自然免疫が，生まれた直後からさまざまな病原体などを認識できるのはなぜであろうか．その秘密は，私たちの"遺伝子"にある．遺伝子は，ヒトの場合，ゲノム DNA 上に約 22,000 個存在すると考えられており，その一つ一つは，私たちの体を構成するそれぞれのタンパク質分子のアミノ酸配列を指定している．このうちのいくつかは，自然免疫細胞が病原体などを認識するために用いる**受容体***とよばれるタンパク質の"設計図"である．自然免疫細胞は，これらの遺伝子の情報をもとに複数の受容体分子をつくり，細胞膜表面上に配置している（図9・5）．自然免疫細胞は，病原体を構成する成分がこの受容体に結合することで病原体の侵入を感知し，これを排除する．これら受容体の遺伝子は，おそらく生物の進化の過程で病原体に対する対抗手段として獲得したものと考えられる．つまり，私たちの祖先と病原体との不断の戦いの結果として，ヒトは，病原体を認識する受容体分子の設計図を遺伝子として獲得し，それが親から子に受け継がれることで生まれた直後より病原体などを認識できるということができる．

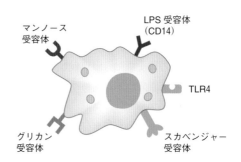

図9・5 マクロファージ細胞膜上の受容体 マクロファージは，多くの微生物構成成分に対する受容体をもっている．

それでは，ヒトの遺伝子には，いったい何種類の病原体認識受容体の設計図があるのか．病原体認識受容体の正確な数は，現在のところ不明であるが，約 22,000 個の遺伝子のなかで，このような病原体認識受容体の情報に割くことのできる数はかなり少ない．例をあげると，自然免疫の代表的な病原体認識受容体である **Toll 様受容体**は，ヒトの場合，10 種類程度である．他の病原体認識受容体と合わせても，病原体認識受容体は数十種類程度と考えてよいだろう．このような限られた受容体の数では，私たちの体内に侵入しようとする，ありとあらゆる病原体に対応するのは不可能に思えるが，実はここにも自然免疫の巧妙な戦略が隠されている．す

---

* 受容体は自然免疫のみならず，体外環境や体内刺激に関わるさまざまなシグナル伝達（情報伝達）で用いられる（第8章を参照）．

なわち，それぞれの受容体は，いくつかの微生物が共通にもっている特徴（パターン）に反応することで，複数の病原体を認識できるのである．たとえば，Toll-like receptor 4（TLR4）は，グラム陰性菌の細胞壁に存在する**リポ多糖（LPS）**を認識する．グラム陰性菌には，大腸菌，サルモネラ菌，赤痢菌ほか，多くの細菌があり，これらは共通して LPS をもっている．つまり，TLR4 という一つの受容体で多数の細菌の侵入を感知することができる．一方で，この認識方法では，侵入した微生物の詳細な情報（たとえば，大腸菌であるかサルモネラ菌であるか）は知りえない．このような認識方法を**パターン認識**とよび，その受容体を**パターン認識受容体**とよぶ．また，LPS のように，ある種の微生物が共通で有する特徴（パターン）のことを，pathogen-associate molecular patterns（**PAMPs**）とよぶ．自然免疫は，このパターン認識を用いることにより，限られた数の受容体でも病原体を網羅的に感知することができるのである．

9・3・3　自然免疫の特徴

　前述の自然免疫の戦略を理解すると，その特徴を容易に整理することができる．自然免疫による病原体排除の代表的な細胞である好中球やマクロファージは，パターン認識受容体により，侵入した病原体を認識してこれを貪食・殺菌するが，平常時からこの受容体を細胞表面に有しているために反応が素早い．特に初回感染時には，後述する獲得免疫系に先駆けて病原体の排除を担う．一方で，病原体と受容体の反応は，初回感染時でも 2 回目以降でも同じであるため，2 回目以降に自然免疫応答が増強したり，速くなったりすることは通常ない（これを免疫記憶がないというが，最近の研究では，自然免疫にもある種の免疫記憶があるとする報告もある）．また，基本的に同種類の細胞であれば同じ種類のパターン認識受容体をもっているため，どの細胞も広範囲の病原体に対応できる（これを**抗原非特異的**という）．つまり，自然免疫細胞は，それぞれの細胞が“何でも屋”であるということができる．

9・3・4　獲得免疫の戦略

　獲得免疫は，英語で acquired immunity という．acquired とは，経験や努力によって獲得されたものという意味で，innate とは，反対の意味をもつ単語である．実際に獲得免疫は，どの病原体に対しても，初回感染時より 2 回目以降（つまり一度感染を経験したあと）により威力を発揮する．この獲得免疫がさまざまな病原体に対応する戦略を見ていこう．

　獲得免疫の戦略は，一言でいうと，"あらゆる種類の病原体に対応できるように，特異性の異なる免疫細胞を無数に作製する"ことである．ここではT細胞を例にあげて説明する．T細胞は，細胞表面上に**T細胞受容体**（T cell receptor, **TCR**）を発現しており，この受容体により侵入してきた病原体の情報を得て，応答をする．TCRは，通常 α 鎖と β 鎖の二つのタンパク質分子で構成されている．二つの鎖はそれぞれの遺伝子からつくられるので，どのT細胞も同じTCRを有しているように思うかもしれないが，実際には，それぞれのT細胞（クローン*）は異なるTCRを有している（図9・6）．これは，それぞれのT細胞が生まれる過程で，二つの鎖の遺伝子の塩基配列がランダムに変化することによって起こる．この変化をTCR遺伝子の**遺伝子再構成**とよぶ．遺伝子の配列は，通常，同一の個体内のすべての細胞で同じであるが，このT細胞のTCR遺伝子（およびB細胞の抗体遺伝子）は例外である．その結果，T細胞は異なる種類の病原体を認識できる集団となり，侵入した病原体の種類に応じて異なるT細胞が応答するのである．この応答のことを，**抗原特異的応答**とよぶ．上述したように，自然免疫細胞が"何でも屋"の集まりなのに対し，獲得免疫細胞は"専門家"の集まりと表現できる．

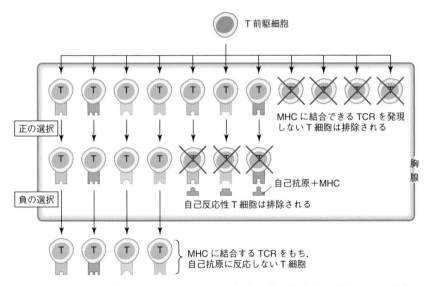

図9・6　T細胞の選択　実際には90%以上のT細胞が正の選択と負の選択によって排除される．

---

　* ここでいうT細胞クローンとは，同一のTCRを発現する細胞集団のこと．

　上述のように，T細胞が生まれる過程でそれぞれの細胞の中でランダムに遺伝子再構成が起こると，なかには使い物にならないTCRや，間違って自己に反応してしまうTCRをもったT細胞も生まれる．これらのT細胞は，**胸腺**とよばれる臓器で排除される（図9・6）．その結果，T細胞は，有用でかつ自己に反応しない細胞の集団となり，あらゆる病原体の侵入に対応できるようになる．

9・3・5　獲得免疫の特徴

　TCR遺伝子の遺伝子再構成は，T細胞のみで起こり，生殖細胞では起こらない．したがって，親から子へは，再構成が起こる前のTCR遺伝子が受け継がれるのみである．子の獲得免疫は，子自身の体内で一から構築されるものであり，親の獲得免疫の能力が子に受け継がれることはない．

　私たちの体内に病原体が侵入すると，それに対応できるT細胞が増殖し，活性化状態となる．初回感染時には，この増殖と活性化にある程度の時間がかかるため，自然免疫に比べ，獲得免疫が効果を発揮するまでには時間を要する．しかし，一度活性化されたT細胞は，その一部が記憶細胞となって長期間体内で維持されるため，2度目に同じ病原体が体内に侵入した際には，迅速に対応できる．この状態を**免疫記憶**があるという．この章の冒頭に例としてあげた"麻疹に対して免疫がある"という状態は，まさに，この麻疹ウイルスに対する免疫記憶があることを意味している．一方で，T細胞は抗原特異的な細胞の集団であるので，たとえ麻疹ウイルスに対する免疫記憶があっても，別のウイルスに対する免疫応答は強化されていない．私たちは，生後，自身の獲得免疫システムを一から構築し，体内に侵入するさまざまな病原体による感染症を経験しながら，それらに対する抵抗性を一つ一つ獲得していく．これが，"獲得"免疫とよばれる所以である．

9・3・6　T細胞とB細胞

　獲得免疫の主要な細胞であるT細胞とB細胞の機能について説明しよう．

　a. T細胞　　T細胞は，獲得免疫のなかの**細胞性免疫**の中核を担う細胞である．"細胞性"という語は，T細胞が，侵入した病原体そのものを攻撃するのではなく，病原体に応答している他の免疫細胞やウイルス感染細胞に対して作用を及ぼすことを表している．

　T細胞は，**CD4**あるいは**CD8**とよばれるタンパク質分子の発現の有無により，大きく二つに分けられる．**CD4 T細胞**には，**ヘルパーT細胞**と**制御性T細胞**が含まれる（図9・7a）．ヘルパーT細胞は，マクロファージ，B細胞，好中球などの

免疫細胞にはたらきかけ，その機能を強化する細胞である．たとえば，ヘルパーT
細胞の一種であるTh1細胞は，病原体を貪食，殺菌しているマクロファージには
たらきかけて，その貪食，殺菌能を高めるはたらきがある．マクロファージは，病
原体を貪食すると，これを分解して，その一部を細胞表面上にある**主要組織適合遺
伝子複合体**（major histocompatibility complex class Ⅱ, **MHC class Ⅱ**）とよばれる
分子にのせて，T細胞に提示する（これを**抗原提示**という）．病原体由来抗原を提
示したMHC class Ⅱに結合するTCRをもっているT細胞は，このマクロファージ
に接近してこれを助ける．それぞれのT細胞は，特定の病原体と戦っているマク
ロファージのみを特異的に援助することから，抗原特異的な免疫応答を強化してい

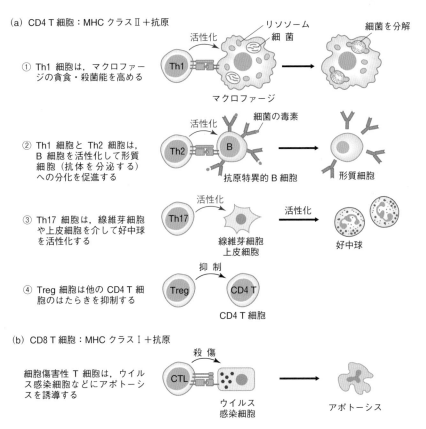

(a) CD4 T細胞：MHCクラスⅡ＋抗原

① Th1細胞は，マクロファー
　ジの貪食・殺菌能を高める

② Th1細胞とTh2細胞は，
　B細胞を活性化して形質
　細胞（抗体を分泌する）
　への分化を促進する

③ Th17細胞は，線維芽細胞
　や上皮細胞を介して好中球
　を活性化する

④ Treg細胞は他のCD4 T細
　胞のはたらきを抑制する

(b) CD8 T細胞：MHCクラスⅠ＋抗原

細胞傷害性T細胞は，ウイル
ス感染細胞などにアポトーシ
スを誘導する

図9・7　T細胞の機能　Th: ヘルパーT細胞，Treg: 制御性T細胞，CTL: 細胞傷害性
　T細胞，B: B細胞

るといえる．一方で，制御性 T 細胞は，他の免疫細胞が必要以上にはたらかない
ように，ブレーキをかけている細胞である．免疫応答は，アクセル役のヘルパー T
細胞とブレーキ役の制御性 T 細胞のはたらきにより，巧妙に制御されている．

　もう一つの T 細胞である **CD8 T 細胞**がはたらきかける相手の細胞は，他の免疫
細胞ではなく，ウイルス感染細胞やがん細胞などの異常な細胞である（図9・7b）．
ウイルスに感染した細胞は，ウイルスに由来する分子（つまり非自己の抗原）を，
MHC class I とよばれる分子とともに細胞表面上に提示している．CD8 T 細胞は，
自身の TCR がこのウイルス感染細胞上のウイルス抗原を提示した MIIC class I に
結合することにより，ウイルス感染を察知し，この細胞に細胞死を誘導して排除す
る．がん化した細胞も，正常な細胞ではみられない異常なタンパク質分子を産生し
ており，これが MHC class I 分子とともに抗原提示されて，CD8 T 細胞により細
胞死が誘導される．このように，CD8 T 細胞は，異常な細胞に細胞死を誘導する
ことから，**細胞傷害性 T 細胞**とよばれる．ちなみに，この細胞死は**アポトーシス**
とよばれる．アポトーシスとは，ほとんどすべての細胞に存在している "自爆装
置" による細胞死で，**カスパーゼ**とよばれるタンパク質分解酵素が細胞内で活性化
されることにより起こる．細胞傷害性 T 細胞は，標的細胞のアポトーシスのスイッ
チを起動する細胞であるといえる．

　b．B 細 胞　　B 細胞は，獲得免疫のなかの**液性免疫**の中核を担う細胞である．
"液性" という語は，B 細胞が産生する液性因子である**抗体**がこの免疫の主体であ
ることを表している（図9・8）．抗体は，二つの重鎖と二つの軽鎖により構成され
るタンパク質分子複合体である．T 細胞がつくる TCR と同じように，B 細胞も，
それぞれが異なる抗体分子を産生する．この抗体の多様性も，抗体遺伝子の再構成
によって生まれる．

　抗体分子（免疫グロブリン）は，図9・8のように Y 字型の構造をしているが，
その先端部分で抗原（抗体が結合する分子）と特異的に結合する（図2・15 参照）．
つまり，抗体は，侵入した病原体に対して直接はたらきかけることができるのであ
る．病原体に結合した抗体は，**中和，オプソニン化，補体活性化**の三つのはたらき
により，病原体の排除に貢献する．中和とは，病原体に直接結合することで病原体
が体内に侵入するのを防いだり，病原体の生存に必要な分子の機能を阻害したりす
ることをいう．オプソニン化とは，病原体に取りついた抗体が目印になって，マク
ロファージにより効率的に貪食されるようになることをいう．さらに病原体に結合
した抗体は，血液（血清）中に存在する別の液性因子である**補体**を活性化すること
により，病原体の表面に穴を開けて殺すことができる．体内に病原体が侵入する

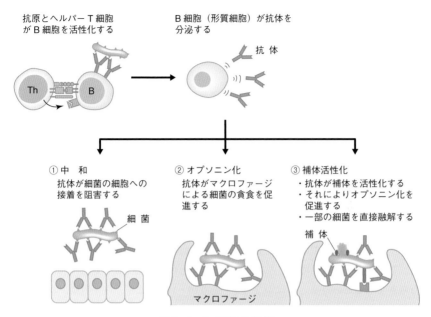

抗原とヘルパーT細胞
がB細胞を活性化する

B細胞（形質細胞）が抗体を
分泌する

抗　体

Th　　B

① 中　和
抗体が細菌の細胞への
接着を阻害する

細菌

② オプソニン化
抗体がマクロファージ
による細菌の貪食を促
進する

マクロファージ

③ 補体活性化
・抗体が補体を活性化する
・それによりオプソニン化を
　促進する
・一部の細菌を直接融解する

補　体

図9・8　B細胞の機能

と，その病原体に結合する抗体を産生するB細胞（クローン）が増殖して抗体を
産生するようになるが，そのB細胞の一部は，感染が治まっても記憶細胞として，
長いあいだ体内に維持される．もし，同じ病原体が再び侵入した場合は，この記憶
B細胞が，いち早く抗体を産生し，病原体の早期排除に貢献する．抗体分子自身も
比較的安定であり，感染後も血清中に長くとどまることから，多くの場合，血清中
の特異的抗体の量と質を調べることにより，特定の病原体の感染の有無あるいは履
歴を判定することが可能である．

10 動物の行動と学習

▶ 行動目標
1. 動物の生得的行動を説明できる.
2. 動物の行動のしくみを説明できる.
3. 学習による行動の変化とシナプス可塑性について説明できる.
4. 長期記憶形成のしくみを説明できる.

　動物は，外界からのさまざまな刺激に対して反応し，特定の行動を示す．外界からだけではなく，動物の内部からの情報によっても行動を起こす．たとえば空腹時に食物を摂取しようとする行動などである．このような動物の行動はすべて，第8章で学んだ神経系からの指令により，最終的には筋肉組織を動かすことにより生じる．したがって，行動のしくみを知るということは，行動をひき起こす神経系のはたらきを知るということにほかならない．§10・1ではまず，生殖行動，攻撃行動や摂食行動のような動物の生得的な行動について解説する．生得的な行動は，学習や経験を必要とせず，動物に元来備わっている神経系の機能によりひき起こされる行動である．§10・2では，学習によって変化する行動と記憶の形成のしくみについて解説する．こうした動物の行動のしくみが，分子レベルで理解されるようになってきた．どのように研究され明らかにされてきたかについて見てみよう．

10・1　動物の生得的な行動

　生得的な動物の行動とそのしくみがどのように研究されてきたか例をあげて見ていこう.

10・1・1　かぎ刺激: イトヨの攻撃行動

　動物は，外界からの刺激を受けて特定の一連の行動を示す．何がその特定の行動をひき起こすのか，かぎとなる刺激を**かぎ刺激**という．かぎ刺激を同定し明確にすることは，行動をひき起こす神経系のメカニズムを知るための大切な第一歩である．ここでは，生得的な行動であるイトヨの攻撃行動を例にとり，かぎ刺激をどのように特定したのかを見てみよう．

　イトヨはトゲウオの一種の淡水魚で，雄は繁殖期になると縄張りをつくり，縄張

りの中に入ってくる同種の雄を攻撃して追い払うが，雌は追い払わない．Nikolaas
Tinbergen らは，こうした攻撃行動を示す雄が縄張りに侵入した雄と雌をどのよう
にして区別しているのかについて調べた．彼らは，イトヨに似せた模型を作り，縄
張りの中に入れてイトヨの行動を観察した．その結果，腹の赤くないイトヨや形が
雄にそっくりでも腹部の赤くない模型には攻撃しないが，形が似ていなくても腹部
の赤い模型には攻撃することがわかった（図 10・1）．このことは，イトヨの雄は
この時期の雄にだけ現れる腹部の赤い色を目印に侵入した雄を攻撃することを示し
ている．腹部の赤い色の情報がイトヨの雄の神経系で処理され，その結果，一連の
攻撃行動がひき起こされたのだ．このような動物に特定の行動をひき起こさせる外
界からの刺激を，特にかぎ刺激という．

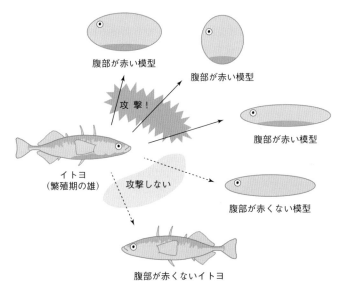

腹部が赤い模型

腹部が赤い模型

攻撃！

腹部が赤い模型

イトヨ
（繁殖期の雄）

攻撃しない

腹部が赤くない模型

腹部が赤くないイトヨ

図 10・1　イトヨの攻撃行動を調べる実験

　動物の行動が神経系のはたらきでどのようにひき起こされているのか研究するた
めには，まず，動物の行動をよく観察してかぎ刺激が何であるか明確にし，実験室
で扱えるように単純化していく必要がある．Tinbergen は，Konrad Lorenz（コラ
ム 12 参照）および Karl von Frisch（後述のミツバチの 8 の字ダンスの発見者）と
共に，1973 年ノーベル生理学・医学賞を受賞した．

コラム 12　動物行動学と神経行動学の研究方法

　図 10・A のように人のあとをついて歩く水鳥の雛の写真を見たことはないだろうか．これは動物行動学の祖ともいわれる Lorenz（ローレンツ）の研究である．彼はみずから身をもって実験をし，動物の行動をとことん観察することから，動物の行動をひき起こすしくみについて研究する学問，**動物行動学**（エソロジー，ethology）を確立した．鳥類の雛は，最初に目を開けたときに目に入った動くものを母親と認識する（**刷込み**とよばれる現象）ため，図 10・A の雛たちは，Lorenz を母親と認識し，あとをついて歩くことになったのである．このように Lorenz は，野生に近い状態で動物たちを自由に行動さ

図 10・A　刷込み　Lorenz のあとをついて歩くハイイロガンの雛たち．[Thomas D. McAvoy/The LIFE Picture Collection/getty images]

せ，それを詳細に観察することから，動物の行動のしくみを明らかにしていった（著書"ソロモンの指環"が興味深い）．

　さらに動物の行動のしくみを神経系のはたらき方と捉え，その行動をひき起こしている神経系のはたらきを調べる学問が発展し，これは**神経行動学**（ニューロエソロジー，neuroethology）とよばれている．この節で見てきたように，行動のしくみを知るためには，まず，観察と測定による実証が重要である．すなわち，動物の行動をよく観察し，行動の測定や行動中の神経活動を測定することで，かぎ刺激を同定したり，関わる神経機構を実証したりする．さらに，神経機構を明確にするためには，介入実験が重要である．これは，たとえば脳の一部の領域や神経細胞を物理的に壊し，その影響を見る実験などである．近年では，神経細胞の活動を操作するさまざまな手法が開発され，それらを用いて行動のしくみに介入し検証する研究が行われている．たとえば，オプトジェネティックスやサーモジェネティックスとよばれる方法で，遺伝学と組合わせ，光や温度により神経活動を活性化させたり抑制させたりするイオンチャネルを外来的に特定の神経細胞に発現させる．そして，光や温度により神経活動を操作しながら行動の変化を測定したり，神経ネットワーク全体の活動を測定したりすることができる．このような技術的な発展により，今後さらに行動をひき起こす神経のはたらきが明らかになっていくことだろう．

10・1・2 繰返し運動: バッタの飛翔

神経系による行動のしくみの解析は，まず反射のような単純な運動の解析や，歩行や遊泳のような単純繰返し運動の研究から始められた．単純繰返し運動については，バッタの飛翔，ロブスターの胃の運動，ヤツメウナギの遊泳などを研究材料として用い，決まったパターンが反復される神経系のしくみが研究されてきた．ここでは，バッタの飛翔を例にとり説明しよう．

バッタの肢を地面から離して頭部に風を与えると，翅の打ち上げ筋と打ち下げ筋の交互の収縮により，前翅と後翅で少し時間がずれた飛翔が始まる（図10・2）．翅からの感覚入力（末梢神経系からの感覚入力）をすべて遮断しても，筋に同様の反復活動がみられる．このことから，飛翔パターンは，中枢神経系に備わっている神経回路によってつくられると考えられる．このようなリズミカルな繰返しの反復行動パターンを生じさせる神経回路は，**中枢パターン発生器**（central pattern generator, CPG）とよばれている．

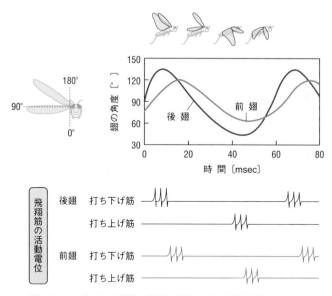

図10・2 バッタの飛翔　前翅と後翅で少し時間がずれている．

バッタの飛翔の中枢パターン発生器は，20個ほどの神経細胞からなる神経回路であるが，それを簡略化した図10・3のようなモデルがまず考えられた．モデル研究とは，コンピューター上で神経回路の振舞いをシミュレーションによって予測す

る研究である．図の神経回路は，簡略化のためにそれぞれの神経細胞が一つずつ描かれている神経回路モデルである．入力を介在するニューロンAおよびBと，それらから入力を受けて筋を動かす運動ニューロンCおよびDからなっている．AとBは，入力信号に対して興奮が生じるまでの時間がわずかに異なり（Aのほうが早く活動する．活動電位を発生するための膜電位の閾値が異なると仮定される．），一定時間しか活動が持続しないニューロンであるとする．また，AとBは，たがいに抑制性のシナプス接続をしている．すると，Aが最初に活動を始め，その間はBの活動を抑制しているが，やがてAの活動が止むと，Bが活動を始め，その間はAの活動を抑制するといった，交互に打ち上げ筋と打ち下げ筋が活動するパターンが形成される．これは，最も単純なモデルであり，実際の神経回路網ではさらに複雑であるが，リズミカルな行動パターンをつくる基本的な回路となっている．

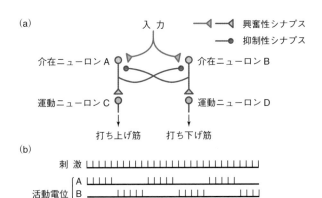

図 10・3　バッタの飛翔に関わる神経系のしくみ　(a) 中枢パターン
発生器のモデル神経回路．(b) 各神経細胞がリズミカルに活動電位
を発生する様子．

　このような中枢パターン発生器は，四つの動物門，環形動物，軟体動物，節足動物，脊索動物で同定されている．ヒトの歩行も，中枢パターン発生器により形成されていると考えられ，リハビリテーションに応用されたりもしている．
　ここまでで，リズミカルな運動はひとたび開始されれば，中枢パターン発生器のはたらきのみで繰返すことができ，感覚入力は必要ないという印象をもったかも知

れない．事実，バッタの翅打ちも，翅からの入力をすべて断ち切ったとしても，飛翔筋の運動神経に反復活動が起こることが示されている．しかし，実際には感覚入力がないと精密な調節を受けることができず，正常な翅打ち運動とは異なったものになる．このように，単純な反復運動であっても，感覚入力は運動の乱れを補正して運動を安定に行えるように重要な役割を果たしている．

10・1・3　複雑な行動：フクロウの定位

　ここでは，反復運動のような単純運動ではなく，もっと複雑な行動，たとえば，入力からどのような行動をとるべきかの選択・決定を行い，特定の行動を実行するといった行動のしくみについて見てみよう．

　メンフクロウは，夜行性動物であり，視覚がほとんど役に立たない暗闇の中でも，正確に獲物の居場所を見つけ捕獲することができる．いったい何を手掛かりにして獲物の居場所を見つけるのだろうか．実は，メンフクロウは，獲物が立てるわずかな音を手がかりに獲物の方角を判断している．ネズミなどの獲物が枯れ葉の上で立てるカサカサという雑音（ノイズ音）を手掛かりにしているのだ．

　では，どのような神経回路のはたらきでそれを可能にしているのだろうか．まず，ある音が耳に届くとき，右方向からの音は右耳に先に届くといったように，左右の耳に音が届く時間に差ができる．メンフクロウは，この左右の耳に音が届く時間差を，水平方向の手掛かりとしている．一方，音源の垂直方向の手がかりは，両耳に届く音の強さの差で与えられる．フクロウの顔をよく見てみると，左右の耳の位置が異なっている．左耳は眼の位置より高いところについており，下方を向いている（図10・4）．右耳は低い位置についており，上方を向いている．結果的に，左耳は下方からの音により感度が高く，右耳は上方からの音に感度が高いというように，左右の耳は上下方向に異なる感度をもっている．したがって，音源の垂直位置によって，両耳間で捉える音源の強度が変化することになる．このように，メンフクロウは，左右の耳に届く音の時間差と強度差という情報を処理し，そこから獲物が空間のどこに位置するか知り，獲物を捕獲するべくそちらの方に飛んでいくという行動を行うと考えられた．動物が，手掛かりから特定の方向を定めることを**定位**といい，特に音の場合には**音源定位**という．

　メンフクロウの音源定位のしくみは，実験的に確かめられた．まず，片耳ではうまく音源定位ができないことから，両耳が必要であることが示された．さらに，メンフクロウの左右の耳の穴に小さなイヤホンを入れて，両耳に時間差や強度差のある雑音を聞かせる実験をすることで，それらを利用して音源の方向を知ることが示

された. このように研究が進められ, メンフクロウの脳内で時間差を検出する神経
回路と強度差を検出する神経回路が同定された. メンフクロウは, 獲物が立てた音
が両耳に到達するまでの時間差と強度差の情報をこれらの神経回路で別々に分析
し, さらにそれを統合することによって, 脳内に聴覚空間地図をつくり上げている
(図 10・4).

図 10・4　聴覚空間地図の形成
どちらの耳が上の位置にあ
るかはフクロウの種類に
よっても異なる.

　実際に, 空間の特定の場所からの音源に特異的に反応する神経細胞が同定され,
脳内の聴覚空間地図が明らかにされた. この空間地図により, 獲物の方角や高さを
正確に知ることができるのだ. このような脳内にある外界と対応した地図は, 聴覚
だけでなく, 視覚や触覚などの他の感覚でも存在することが知られている.

10・1・4　社会性行動: ミツバチのダンス

　動物は, 単独で生活するものばかりではなく, 同種の仲間と共に集団を形成して
生活し, たがいに情報をやりとりするコミュニケーションを行っているものも多
い. ここでは, その例としてミツバチのダンスを見てみよう.
　ミツバチは, 巣をつくり集団で生活をしている. 蜜のある花(餌場)を探しあて
ると, 巣に戻って仲間にその情報を伝え, 餌場へと誘導する. 一体どのようにし
て餌場への距離を測り, それを伝えるのか. 関わる神経回路の詳細は明らかにされ
つつあるが, 行動生物学上の成果を見てみよう. ミツバチは, ダンスのように特
定の飛び方をして, 餌場までの距離と方角を伝える. 距離の長さによって, ダンス
の種類を変える. およそ巣から 80 m 以内の短距離に餌場がある場合は**円形ダンス**
をし, 一方, 餌場が巣から遠い場合は**8 の字ダンス**を行う (図 10・5). この距離

を，どのような情報に基づいて測定しているのだろうか．最近の研究結果を紹介しよう．

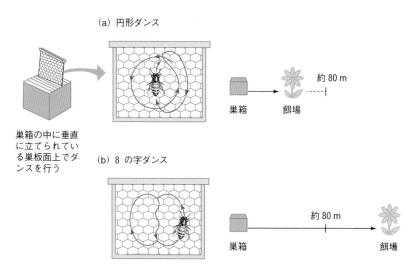

（a）円形ダンス

巣箱の中に垂直に立てられている巣板面上でダンスを行う

（b）8 の字ダンス

図10・5　ミツバチのダンス

　ミツバチが飛ぶと，周りの物体がつぎつぎに眼で受取られ網膜上に伝えられ，流れるように横切っていく．この流れを**光学的流動**という．ミツバチは，この光学的流動の量に基づいて距離を計測していることが明らかになってきた．これを示した実験は，次のようなものである．まず，細長いトンネルとその先に餌場を用意し，ミツバチがトンネルの中を通って餌場に向かうように訓練した．その後，巣に戻ったミツバチが踊るダンスの種類を調べた．トンネルは，図10・6のような2種類を使用した．一つは縦縞が描かれたもの，もう一つは横縞（飛行方向と平行な方向の縞）が描かれたものである．実験の結果，縦縞トンネルを通ったミツバチ（飛行中に多くの光学的流動量を受取る）は，実際の飛行距離よりも30倍以上遠い距離を8の字ダンスにより示したが，横縞トンネルを通ったミツバチ（飛行中に受取る光学的流動量は少ない）は，円形ダンスを踊ったのである．これらのことは，飛行中に受取る光学的流動量が，ミツバチが餌場までの距離を測るのに重要な情報となっていることを示している．では，受取られた光学的流動量は，どのようにミツバチの脳で処理され，ダンスの種類に変換されるのだろうか．また，ダンスを見た巣の

仲間は，どのようにその情報を解読し，餌場の情報を受取るのだろうか．この神経
系のはたらき方を明らかにすることが，次の興味深い研究課題である．

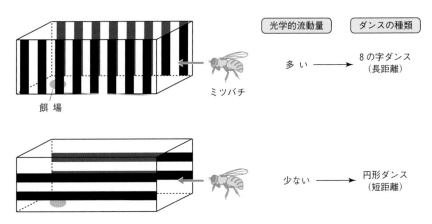

図 10・6　光学的流動量とダンスの種類の関係を示した実験
［出典：Srinivasan M.V., *J. Comp. Physiol. A*, **200**, 563～573（2014）より］

コラム 13　面白い行動: 利他的行動

　この章で見たように，動物の生得的な行動は，生まれながらに元来備わり，み
ずからの生存に必要で有利にはたらくようなものであると考えられた．しかし，
生得的な行動のなかにも，ときにみずからに何らかのコストを負いながらも他者
に利益を与える行動，すなわち**利他的行動**があることが報告された．利他的行動
には，はたらきアリやはたらきバチによる子の養育や，群れを形成する動物の役
割分担などがあり，みずからを犠牲にしてでも他者もしくは社会の利益となるよ
うな行動をとる．これはさまざまな動物でみられるが，ヒトだけが，"直接のお
返しを期待できない血縁関係にない他者"にも利他的行動を示すといわれてい
る．どのようにヒト特有の利他的行動が進化してきたのかは，興味深い研究課題
となっている．ヒトでは，"自分の評判をよくしようという動機"や"他者を助
けることが自分の喜びとなり報酬と感じられること"や"他者への共感"が利他
的行動を促すことが知られている＊．

　＊ "脳科学辞典"（https://bsd.neuroinf.jp）に詳しい（2020 年 2 月現在）.

10・2　動物の学習と行動の変化

　動物は，自身の経験によって行動を変化させる．行動が変化するのは，その行動に関わる神経系のはたらき方が柔軟に変化するからである．この神経系の柔軟性により行動が変化する現象を，**学習**という．また，学習によって変化した行動が，動物個体に蓄えられる．これを**記憶**という．私たちは，日々さまざまなことを経験し，学習し，それを記憶として蓄えている．それを可能にする神経系のはたらき方のしくみを理解するための研究が進められている．この節ではまず，すでに神経系のしくみが明らかになった比較的単純な学習について解説する．さらに，長期的に記憶がどのように形成されていくのか，そのしくみについて見ていこう．特に，学習・記憶における神経系のはたらきの基本的な概念，"シナプスの変化が学習・記憶の素過程である"が提唱されるにいたった一連の研究を紹介しよう．

10・2・1　学習の種類と学習による行動の変化

　学習における神経系のはたらき方は，Eric Kandel の研究により飛躍的に解明された．Kandel は，海に住むアメフラシ（図10・7）という軟体動物を用いて，一連の学習による行動の変化のしくみを明らかにした．彼らの研究を中心に，学習による行動の変化の例を見ていく．

水管　　　尾　　　えら

図10・7　アメフラシ

10・2・2　慣　れ

　ある刺激に対して繰返し反応し行動を起こしているうちに，同じ強さの刺激に対しては反応がみられなくなることがある．これを**慣れ**（**馴化**）といい，最も単純な学習である．アメフラシを裏返すと，図10・7のようにえらと水管が見える．海水を水管に通し，えらでガス交換つまり呼吸を行っている．水管に接触刺激を行うと，水管とえらを縮めて保護する．しかし，接触刺激を繰返すと，慣れてしだいにえらを引っ込めなくなる．Kandel たちは，この慣れの機構を詳しく調べた．水管

への刺激によりえらを引っ込める反応が起こる神経回路は，感覚刺激を受取る感覚
ニューロン，えらを動かす運動ニューロン，両者の間に立つ介在ニューロンの3個
のニューロンからなる神経回路である（図10・8a，介在ニューロンはここでは
考えないので省略してある）．Kandelたちは，慣れはこの感覚ニューロンと運動
ニューロンの間の**シナプス**（図10・8a，破線四角の部分）で起こることを明らかに
にした．シナプスとは，神経細胞と神経細胞もしくは筋肉細胞が接している，情報
を伝える場である（第8章を参照）．このシナプスの伝達効率（伝達量，伝える情
報の量）が刺激を繰返すことで低下することを発見したのだ．このようにシナプス
の伝達効率が状況により変化できることを初めて実験的に示すことができた．

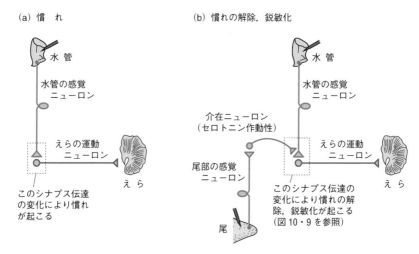

図10・8　**慣れ，慣れの解除，鋭敏化に関わる神経回路**　(a) 慣れに関わる回路．破線四
　　角のシナプス伝達の変化により慣れが起こる．(b) 慣れの解除や鋭敏化には尾からの
　　神経回路も関わる．破線四角のシナプス内で起こっている変化を図10・9および図
　　10・10に記す．変化が起こったシナプスを中心に示し簡略化した．

10・2・3　慣れの解除と鋭敏化

　Kandelたちは，さらに研究を進め，慣れの研究を発展させた．慣れが成立した
あとに強い新奇刺激（電気刺激や痛み刺激）を加えると，慣れを起こす前の応答性
が元に戻る現象を見いだし，**慣れの解除（脱馴化）**とよんだ．それに対して，**鋭敏
化（感作ともいう）**とは，通常その反応をひき起こすのとは別の強い刺激ののち，

反応が大きくなることをいう．アメフラシのえら引き込め反応には，その両者がみ
られた．水管への接触刺激を繰返し，えら引き込め反応に慣れが生じたあとに尾に
強い新奇刺激を与えると，再び同じ水管への接触刺激によりえらを引き込むように
なる．鋭敏化は，慣れの解除どころか，それまでえら引き込め反応を起こさなかっ
たような弱い刺激に対しても，鋭敏に反応するようになる現象である．この行動の
変化も，シナプスの伝達効率の変化で起こることが明らかになった．この場合は，
慣れの神経回路に加えて，尾への刺激を伝える感覚ニューロン，および介在ニュー
ロンが加わる（図 10・8 b）．この介在ニューロンが，水管の感覚ニューロンの神
経終末につくるシナプスに注目する（図 10・8 b，破線四角）．尾への強い刺激によ
りこのシナプスが活性化されると，図 10・9 のようにセロトニンが遊離され，水管
の感覚ニューロンの神経終末部で受取られる．

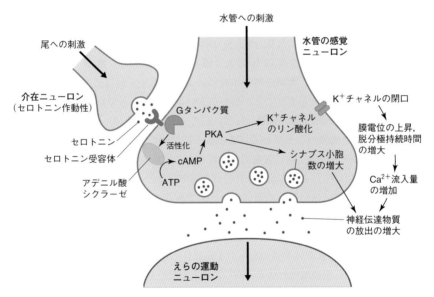

図 10・9　慣れの解除と鋭敏化に関わる神経基盤　PKA: プロテインキナーゼ A.
Ca^{2+} チャネルは省略している.

　すると，アデニル酸シクラーゼ（AC）が活性化され，cAMP がつくられ，cAMP
依存性プロテインキナーゼ（PKA）が活性化される．この酵素により K^+ チャネル
がリン酸化されると，開口確率（イオンチャネルが開く確率）が低下する．その結
果，K^+ イオンの流出が減少し，終末部の脱分極が増大するため，Ca^{2+} チャネルか

らの Ca^{2+} 流入量が増大し，この終末からの神経伝達物質放出が増大して運動ニューロンが活性化する，ひいては，えらの動きが昂進する，というしくみが明らかになった．この効果は，数分程度続く．この cAMP が関わるしくみは，次の条件付けや哺乳類の学習でも重要であることがわかっており，動物共通のしくみの基本原理となるような発見であった．

10・2・4 条 件 付 け

　これまで比較的単純な学習を見てきたが，ふだん私たちが考える学習とは随分違うようにも感じられる．そこで，より複雑な学習として最もよく調べられているのが，**連合条件付け学習**，または単に**条件付け学習**とよばれるものである．条件付けを最初に研究したのは，20 世紀初めのロシアの Ivan Pavlov（1904 年ノーベル生理学・医学賞）である．イヌに餌を与える直前に毎回ベルを鳴らすと，餌を与えなくても，ベルを鳴らしただけでイヌは唾液をたらすようになる，という実験を聞いたことのない人はいないだろう．もともと関係のなかったベルと餌が連合され，学習されたのである．動物に与えた 2 種の刺激のうち，**無条件刺激**（US, unconditioned stimulus）とは，餌のように，その刺激をすれば必ず動物が特定の行動を示す（唾液をたらす）ことがわかっている刺激のことである．もう一方は，**条件刺激**（CS, conditioned stimulus）といって，ベルのように，通常特定の行動をひき起こさない刺激のことである．このように二つの刺激（US と CS）を対にして提示する条件付けは，特に**古典的条件付け**とよばれる．Kandel たちは，今回もアメフラシを用いて，この古典的条件付けを研究した．

　Kandel が用いた US は尾への電気ショックであり，CS は水管への軽い接触刺激である．通常，US は強いえらの引き込みをひき起こすが，CS ではごく弱いえら引き込みを起こすか起こさないかに過ぎない．この二つの刺激を組合わせて与えることを繰返すと，CS だけで強いえら引き込め反応が起こるようになった．Kandel たちは，先の慣れや鋭敏化の研究と同じ実験系を用いることで，単純な学習との違い（と同一性）を明確にした．この US と CS の連合は，鋭敏化のところでも見た神経終末，つまり，水管の感覚ニューロンの神経終末において生じる（図 10・10）．CS により感覚ニューロンが活性化されると，脱分極が起こり，神経終末に Ca^{2+} が流入してカルモジュリンを活性化し，アデニル酸シクラーゼによる反応を促進して cAMP が増える．しかし，この生産は小規模なので，鋭敏化をひき起こすほどではない．一方，US により介在ニューロンからセロトニンが放出され，アデニル酸シクラーゼが活性化されて cAMP がつくられ，PKA が活性化される．こ

れは鋭敏化のところで見たしくみと同じであるが、鋭敏化では数分しか続かなかった。しかし、US の直後に CS がくると、上述の二つのことが起こり、cAMP の産生が高まる（図 10・10）。これを繰返して行うと、K$^+$ チャネルのリン酸化が持続することによりチャネルの開口確率が低下し、脱分極の持続時間が増大し、神経伝達物質を含んだシナプス小胞数の増大が持続する。その結果、CS だけで、えらを引き込めるための運動ニューロンが活性化するのに十分な伝達物質放出が起こるようになるのである。条件付け学習は数時間から数日間続くことが観察されており、アメフラシのような無脊椎動物だけでなく、ラットやマウスなどの脊椎動物にも共通してみられる。

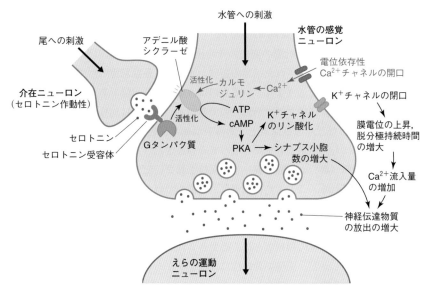

図 10・10　条件刺激（CS）と無条件刺激（US）の組合わせによる神経伝達物質放出増大のしくみ　セロトニンを介したアデニル酸シクラーゼの活性化と Ca^{2+}-カルモジュリンによるアデニル酸シクラーゼの活性化が起こり、cAMP の産生が高まり、K$^+$ チャネルのリン酸化やシナプス小胞数の増大が持続する。

ここまで見てきた学習の過程でみられたシナプスにおける伝達効率の変化は、**シナプス可塑性**とよばれ、シナプスが可塑的に変化することが行動の変化や記憶の基礎となっているのではないかと考えられている。Kandel は、この一連の業績により、2000 年にノーベル生理学・医学賞を受賞した。

コラム14　オペラント条件付け

　古典的条件付けとともに研究に用いられてきた連合条件付け学習に，**オペラント条件付け学習**という学習がある．Burrhus Skinner（バラス スキナー）が開発したスキナー箱を使った学習方法が有名である．この箱に入れられたネズミは，初めのうちは偶然にレバーを押すことで餌を得る．試行錯誤を繰返すうち，レバーを押すと餌が出ることを学習する．このように，試行錯誤によって自身の行動と報酬や罰を結びつけて学習することを，オペラント条件付けという．

10・2・5　学習による長期記憶形成

　ここまで，学習による行動の変化のうち比較的短期的な記憶の形成を見てきた．本節では，長期的に形成された経験の蓄積，すなわち**長期記憶**の形成について解説する．私たちが記憶と通常よんでいるものは，この長期記憶であり，先月行った旅行の思い出や高校時代のクラブ活動でのできごと，あるいは幼稚園でのピアノの発表会で弾いた曲など，数日間以上，あるいは何年，何十年と覚えている記憶である．それ以外にも，電話番号を聞き取ってそのときだけ覚えるといった，短時間に形成され短時間（数分から数時間）しか保持されない記憶もあり，**短期記憶**または**作業記憶**とよばれる．このように記憶は，記憶している時間によって分けられるだけでなく，記憶されるものによっても分けられ，種類があることがわかってきた．先の例にあげた旅行に行った記憶などは，**陳述記憶**のなかの**エピソード記憶**とよばれている．また，記憶の種類ごとに，必要とされる脳部位が異なることも明らかになりつつある．しかし，記憶の分類法にはさまざまあり，すべての研究者が認めるような統一的な分類法は，確立していない．

　長期記憶の形成には，タンパク質合成が必要なことが明らかになっている．さまざまな動物においてタンパク質合成阻害剤を投与すると，連合学習が成立しない，あるいは，記憶の保持時間が短くなるなどの結果が示されている．どのような分子が関与しているかについて，ショウジョウバエを用いた匂い忌避条件付け学習実験によって詳細に研究されてきた（図10・11）．これは，ショウジョウバエにある匂いのもとでは電気ショックがあるということを学習させ，その匂いを避けるように行動を変化させる条件付け学習実験である．この学習は，訓練の回数や時間により，短期記憶および長期記憶が生じる．

さまざまな遺伝子の変異体を用いることで，それぞれの記憶の形成に重要なはたらきをもつ遺伝子が同定され，しくみの解明が行われた．ショウジョウバエでも，アメフラシと同様に，cAMP 合成系とその下流の PKA が重要なはたらきをしていることが示された．長期記憶では，活性化された PKA が核内に入り，**cAMP 応答**

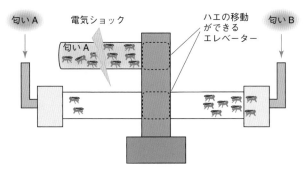

図 10・11　ショウジョウバエの匂い忌避条件付け学習実験装置　ハエにとって忌避でも誘引でもない 2 種類の匂いを用い，片方の匂い（図では A）の存在下で電気ショックを与える．そして，2 種類の匂いを選択させると，ハエは，電気ショック時に存在した匂いを忌避するようになる．つまり，匂いと忌避行動が連合され学習された．

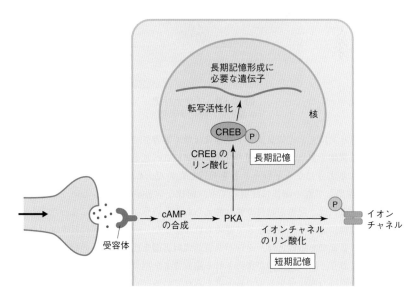

図 10・12　長期記憶と短期記憶のしくみ

配列結合タンパク質（**CREB**）というタンパク質をリン酸化して活性化する（図10・12）．CREB は転写因子（DNA から RNA への遺伝子の転写を調節するタンパク質）であり，長期記憶に必要なタンパク質の合成に関わっている．この cAMP-PKA-CREB の信号系は，アメフラシのえら引き込み反応の長期増強や，哺乳類の長期記憶でもはたらいており，長期記憶の機構には種を超えた共通性があると考えられている．

コラム 15　記憶物質説の今

　何かを食べると記憶ができるとか，他人に記憶を移すとか，SF 小説に出てきそうなことができると聞いたことがあるだろうか．1960 年代，記憶も物質を介して伝えることができるという仮説のもと，研究がさかんに行われた．James McConnell は，プラナリア（図 10・B）という動物を使って実験した．

図 10・B　プラナリア
［画像提供: 理化学研究所］

　プラナリアに光と電気ショックを連合付けて学習させ，光を忌避するようにした．その個体をすりつぶして別のプラナリアに食べさせると，学習しなくても光を忌避するようになるということを報告したのだ．その後，学習した個体からRNA を抽出して別の個体に注射しても，同様な学習がみられるということを報告した．これは，記憶が物質で移し替えられるということで話題になった．しかし，再現性に乏しく，事実として認められなかった．一方，記憶にはタンパク質の新生が必要であることは，タンパク質合成阻害剤を使った多くの研究により認められており，脳内で記憶が保持される過程でタンパク質合成を含むダイナミックな神経回路の変化が生じていると考えられている．

　このような長期記憶形成に必要なタンパク質合成は，新しくシナプスが形成され
るために必要なのではないかと考えられている．実際，近年の顕微鏡などの測定技
術の発展とともに，神経細胞ネットワークが保たれた状態で，さらに，生きた動物
の脳内でもシナプスが観察できるようになり，シナプスがダイナミックに形成ある
いは除去されていることが明らかになってきている．

植物の成長と環境応答

▶ 行動目標
1. 植物における環境応答のしくみを説明できる.
2. 発芽と成長, 気孔の開閉を説明できる.
3. 花芽形成, 老化と落葉, ストレス応答について説明できる.
4. 植物ホルモンを説明できる.
5. 花芽形成における遺伝子制御の概要を説明できる.

　植物は, 1年生草や多年生草, 木本など, 個体としての寿命はさまざまである. しかし, 種子が発芽して茎や根が伸び, 花を咲かせて実を結ぶという生き方は, 植物に共通である. 種子が発芽して茎や根を伸ばし葉を広げる過程を, **栄養成長**といい, 花芽を分化させ実を結んで種子をつくるまでの過程を, **生殖成長**という (図11・1). 栄養成長では, 光合成によりエネルギーと有機物を獲得する. この有機物は植物にとっての糧であるが, 地球全体を見てみると, ごく一部の微生物を別にして動物や微生物などほとんどすべての生物は, 植物が光合成によって生産した有機

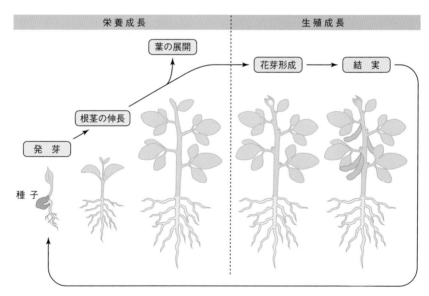

図11・1　植物の成長過程

物に依存しているのである．この点を考えると，植物の生き方と光合成を理解することはきわめて重要である．

11・1　植物の生き方と植物ホルモン

　植物は，フィトクロムとよばれる色素を利用して昼夜やその長さを知る．フィトクロムは，赤色光と遠赤色の光によって分子構造が変わり，その変化がフィトクロムタンパク質に伝わって，光環境の情報がキャッチされるのである．そして，その情報から植物ホルモンが情報伝達にはたらくなどして，茎や根の先端などさまざまな部位で細胞の分裂や伸長，さらには花芽の分化などがひき起こされるのである．すなわち，刺激となる環境の把握，その情報の植物個体内での伝達，そして，細胞内での情報伝達を含めた応答システムの作動という過程により，環境変化に対応しながら生きているのである．植物はまた，植物を食い荒らす外敵にさらされる．そのとき，襲われた植物が情報を発信して周囲の植物に伝達することも明らかになってきている．

11・1・1　植物ホルモン

　植物におけるさまざまな情報伝達の中心的な役割を担っているのが，**植物ホルモン**である．植物ホルモンは，多くの植物に共通して成長生理に関わる物質である．動物のホルモンでは分泌と標的の器官が明確に異なっているのに対し，植物ホルモ

表11・1　おもな植物ホルモンとそのはたらき

植物ホルモン名	おもな機能
オーキシン	成長促進
ジベレリン	成長促進
サイトカイニン	成長促進
エチレン	成長阻害，老化促進，果実の熟化
アブシシン酸	休　眠
ブラシノステロイド	成長促進
ジャスモン酸	老化促進，果実の熟化，休眠打破，ストレス耐性誘導
ストリゴラクトン	分枝抑制，菌根形成促進（菌根菌への働きかけ）

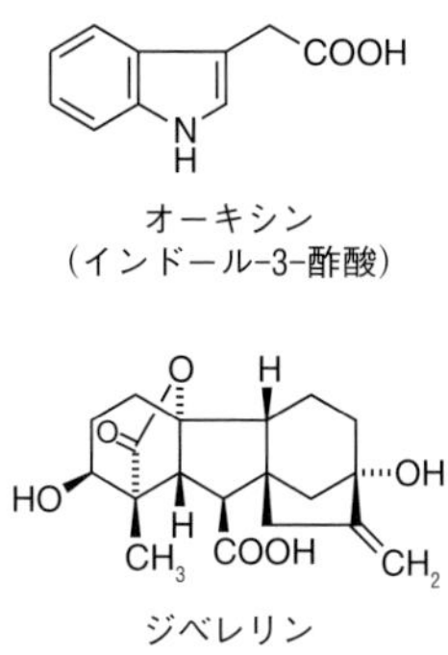

オーキシン
（インドール-3-酢酸）

ジベレリン

図11・2　植物ホルモンの分子構造の例

ンは分泌と作用の部位が異なるとは限らない．また，根や茎などの部位やその濃度により，作用が異なるものもある．おもな植物ホルモンを表11・1にあげる．そのなかでエチレンは，常温で気体であり，果実の熟成を促進する作用をもつので，そのことが家庭での知恵の一つとして果物の熟成に利用されている．

植物ホルモンの名称には，機能から名付けられたものと，化学物質名で名付けられているものとがある．たとえばオーキシンの性質を示す化学物質は，インドール-3-酢酸である（図11・2）．一方，ナフタレン酢酸（NAA）や2,4-ジクロロフェノキシ酢酸（2,4-D）も，オーキシンの作用を示す合成オーキシンとして知られている．特に，2,4-D は除草剤として利用される．また，オーキシンやジベレリン，サイトカイニンなどは以前から知られてきたが，最近，新たに複数の植物ホルモンが見いだされている．

最近では，成長や発達などのシグナル伝達物質としてはたらく植物ペプチドホルモンも見いだされている．その一つであるシステミンは18残基からなるペプチドであるが，害虫に対する防御活性化の長距離シグナル物質とされる．

11・2 発芽と成長

植物は，冬などの過酷な環境を種子の形で過ごすことが多い．発芽して根を地中に伸ばすと，周囲に広がる以外，ほかの場所へ移動することはできないため，発芽した場所で生き続けなければならない．冬の寒さや乾燥など，あるいは日なたや日陰など，さまざまな環境とその変化に対応して生きている．また，虫媒花のようにほかの生物と関係をもったり，同種の植物どうしで受粉するために同時に開花したりするために，時期を知る必要もある．寒い冬を迎える前に，実を結んだり，冬を超えるための準備をしたりする必要もある．このように，植物にとって，生息地の環境は重要であり，その環境に対応して生きていくことが不可欠の課題なのである．植物はどのようにして環境を知り，対応しているのであろうか．

11・2・1 発芽

植物の種子は，休眠状態にある．さまざまな環境に対して強い耐性を示すものも多く，長期にわたって生き延びることが可能である．よく知られた例が，大賀ハスとよばれる古代ハスである．今日，公園などの池で植えられているところがあるが，縄文時代の遺跡から見つかった種が発芽することにより現代によみがえった植物である．また，森林の樹木が落とした種子には，殻が固く，山火事などで殻が傷

つくことによって初めて水を通して発芽するようにできているものもある．種子は
また，動物が果実を食べることにより運ばれ，移動手段のない植物の分布拡大の手
段にもなっている．動物の消化管を通ると外皮が柔軟化し，排泄後に発芽する種子
も知られている．

　a. 種子の構造　　　種子の内部構造は，一般に**胚**とよばれる植物の原基をもつ．
発芽に必要な栄養分を**子葉**に蓄えるもの（子葉種子，または無胚乳種子）と，**胚乳**
に蓄えるもの（有胚乳種子）とがある．前者にはエンドウやダイズなどのマメ科，
ダイコンなどのアブラナ科，カボチャなどのウリ科の植物があげられ，後者にはイ
ネやトウモロコシなどのイネ科植物やカキノキ科，マツなどの裸子植物があげられ
る．蓄積されている栄養分は**デンプン**の場合が多いが，ヒマ（トウゴマ）やダイズ
では**脂肪**である．胚の構造は，幼植物の構造そのものである（図11・3）．すなわ
ち，受精した細胞から植物体への分化は，種子の形成時に行われているのである．

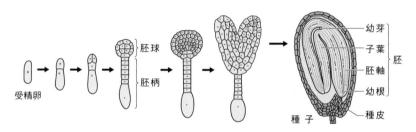

図11・3　被子植物（シロイヌナズナ）の胚発生

　b. 発芽のしくみ　　　休眠中の種子が**水**や**酸素**などを取込むと，発芽のプロセ
スが開始される．適切な**温度**も重要であり，種によって光の刺激を必要とするもの
もある．発芽における分子レベルでの流れは，イネ科植物の種子を例にすると，次
のようになる．水吸収後，ジベレリンがつくられ，胚で生合成されたアミラーゼが
胚乳のデンプンを分解する．その結果つくられたグルコースが，胚の細胞に取込ま
れて胚が成長する．

11・2・2　栄 養 成 長

　植物の細胞を覆っている**細胞壁**は，細胞の形を維持するのに役立っている．しか
し，それは逆に細胞の伸長の妨げにもなる．茎の先端や根の先端などで，細胞分裂
したのち，細胞の体積を増すことにより，茎や根が伸び，葉が展開する．そのとき
き，細胞壁を柔軟化して細胞を拡大しやすくするしくみが知られている．植物ホル

モンの一つである**オーキシン**が移動してくると，その細胞の細胞膜（原形質膜）に存在するプロトンポンプが活性化して，H^+を細胞内から細胞の外側，すなわち細胞壁に移動させる．細胞壁の pH が低下すると，そこに存在する多糖類分解酵素が活性化され，細胞壁を構成するペクチンなどの結合が切れて細胞壁が柔軟化する．すると，細胞内の膨圧により細胞が拡大されるのである．細胞壁合成はその後も続くため，しだいに固くなり，リグニンを含む二次壁になっていく．

　土壌中の水分が減ると，植物はしおれてくる．細胞内の膨圧が減り，原形質膜が萎縮して細胞壁と離れてしまう原形質分離の状態になる．いわゆる"しおれ"の現

コラム 16　植物細胞の組織培養

　植物の茎や根，葉などさまざまな部位から，細胞あるいは細胞の塊を無菌的に取出して培養することができる．たとえば，ニンジンを無菌にしたカミソリで小さく切り，それを栄養分を含む寒天培地の上に置くと，未分化の細胞が分裂して不定形の塊となる．これを**カルス**とよぶ（図 11・A）．この培地には，スクロース，オーキシンやジベレリンなどの植物ホルモン，無機イオンなどが加えられている．細胞は，糖を吸収し，それをエネルギーおよび炭素源として成長していく．

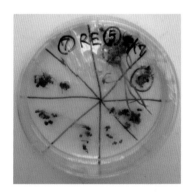

図 11・A　イネのカルスからの再分化　［画像提供：岩手大学農学部，鈴木雄二博士］

　種子の胚の細胞も，同様の過程で細胞分裂を行って発芽すると思われる．与える植物ホルモンをサイトカイニンなどに換えると，細胞の分化が起きやすくなる．植物の細胞は，動物細胞と異なり，そのまま植物個体までに成長できる分化能力，すなわち分化の**全能性**を有している．

象であるが，細胞壁があるため，植物の茎は水不足の状態になっても地面に伏すことなく直立の姿勢を維持できる．また，茎の中を水や栄養物質を輸送する構造体が，**維管束**である．水を輸送する器官が**道管**で，栄養塩を運ぶ器官が**師管**である．被子植物の道管は，細胞がアポトーシスによって消失し，細胞壁のみが残って水路となった構造体である（図 11・4）．その水路を通して，根の吸収した水が地上の葉などに送られているのである．

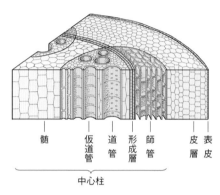

髄　仮道管　道管　形成層　師管　皮層　表皮

中心柱

図 11・4　茎の構造

11・2・3　気孔の開閉

　前節までは，比較的ゆっくりした変化について見てきた．一方で，植物には比較的早い反応もあり，気孔の開閉や葉緑体の光応答などが知られている．

　a. 気孔のはたらき　　気孔は，植物の葉の表面，特に多くの植物では葉の裏側に多く存在する．**孔辺細胞**とよばれる 2 個の細胞が湾曲して隙間ができたり，まっすぐに並んで隙間がなくなったりすることにより，気孔の開閉が起こる（図11・5）．気孔は，葉の中の水分蒸発（**蒸散**という）を行うとともに，光合成に必要な二酸化炭素の取込みも行う．したがって，水分不足で気孔が閉じ続けると，二酸化炭素供給が行われず，光合成が停止することになる．乾燥地に生える CAM 植物（ベンケイソウ型の多肉有機酸代謝を行う植物）は，ほかの多くの植物と異なり，昼間の温度の高いときに気孔を閉じ，夜間気温が下がったときに気孔を開く．そのため，CAM 植物では，夜間に取込んだ二酸化炭素を有機酸のかたちで一時的に蓄えておき，昼間は気孔を閉じたままで，蓄積された有機酸を再度二酸化炭素に変えて光合成を行う．

b. 気孔の開閉のしくみ　　気孔の開閉は，孔辺細胞における浸透圧調節が関係している．青色光受容色素**フォトトロピン**が光を受けると，孔辺細胞の細胞膜にあるプロトンポンプが，ATP を用いて H^+ を細胞外に排出する．すると，細胞内外で pH 差が生じるため，カリウムチャネルの開孔によりカリウムが取込まれる．今度はカリウムイオンが浸透圧を高めることにはたらいて，水分子が細胞内に入るというしくみである．孔辺細胞は水分子を取込んで膨圧を高め，細胞が膨らむことで気孔細胞に力がはたらき，構造的に気孔が開くのである．逆に，**アブシシン酸**が作用すると，カリウムイオンの細胞内蓄積が抑えられて，気孔は閉じる方向に向かう．

(a) 気孔の構造の模式図

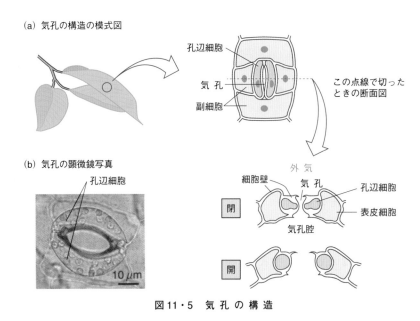

(b) 気孔の顕微鏡写真

図 11・5　気 孔 の 構 造

11・3　花芽形成と老化

　　植物は，根，茎，葉を伸ばして大きく成長するという栄養成長を経て，やがて花を咲かせて種子をつくるという生殖成長に入る．栄養成長を遂げ光合成の効率が悪くなった葉では老化が始まり，その過程で細胞内の成分を分解，転流し，新しい組織・器官の形成に役立てる．

11・3・1　花芽形成と果実の成長

　植物の花芽形成の重要な因子として，光（日長）と温度が知られている．

　a. 花芽の形成と日長　　植物には，日長が長くなると花芽を形成する**長日植物**（コムギ，アブラナなど），日長が短くなると花芽を形成する**短日植物**（イネ，キクなど），日長によらず花芽を形成する**中性植物**（トマト，トウモロコシなど）がある．このように，生物が日長の長さの影響を受けて反応する性質を，**光周性**という．

　日長を感知して花芽を形成する植物は，実は明期の長さではなく暗期の長さを感知していることが，暗期を光で中断する実験から明らかとなっている（図11・6）．花芽形成が可能となる最短の長さの連続暗期を，**限界暗期**とよぶ．光中断を起こす光を感知する光受容体は**フィトクロム**で，特に有効な光は赤色光である．しかし，最近では，クリプトクロムの感知する青色光も関わっていることがわかっている．

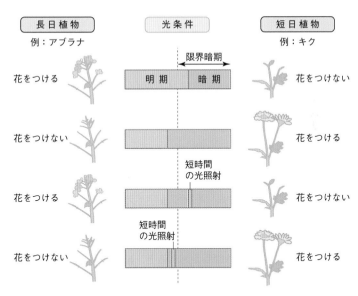

図11・6　明期・暗期の長さと花芽形成

　日長の感知は葉で行われ，その情報は，師部を通って芽の部分（茎頂分裂組織）まで伝えられ，花芽が形成される．この花芽形成を促す物質は，**花成ホルモン（フロリゲン）**と名付けられていたが，その本体はタンパク質（シロイヌナズナでは

FT，イネでは Hd3a）であることが明らかになった．葉で合成され茎頂分裂組織に運ばれた FT は，茎頂組織で合成された FD というタンパク質と結合し，転写調節タンパク質として花芽の形成に関わる遺伝子（*AP1*）の発現を活性化し，花芽形成を誘導する．

b. 花芽の形成と温度　　　長日植物のなかには，花芽形成にある程度の長さの低温期を必要とするものがある．たとえば，秋まきコムギなどでは，日長条件が整っていても冬を迎える時期にはすぐには花芽形成せず，冬を経て成長に有利な春になってから花芽を形成する．自然界ではこれが植物の生育に有利にはたらいているが，人工的に低温処理（**春化**処理）を行えば，収穫時期を早めることもできる．たとえば，秋まきコムギを春にまいても春化処理をすれば，冬を経ないで花芽を形成させることができる．

c. 花芽形成の遺伝子による調節　　　花の形態形成は，A，B，C の 3 クラスの遺伝子が関わるとする **ABC モデル**で説明できる．被子植物の花は，外からがく片，花弁，おしべ，めしべの順に並んでいるが，A，B，C の各クラスの遺伝子が発現する部位は決まっており，どの遺伝子が発現するかによってどの器官に分化するかが決まるとするモデルである．このモデルを使えば，各クラスの遺伝子欠損変異株の花の形態も，うまく説明することができる（図 11・7）．なお，前述の花成ホルモンが発現誘導する遺伝子 *AP1* は，A クラスの遺伝子に含まれる．このように，花成ホルモンが調節タンパク質として ABC モデルの遺伝子の発現を促進し，さらに ABC 各クラスの遺伝子産物の複合体が調節タンパク質としてはたらいて，それぞれの部位に特定の構造を形成させる．

ABC モデルに関わる多くの遺伝子は，**MADS ボックス**とよばれる相同な塩基配列をもった転写調節遺伝子である．動物でも，器官形成に関わる遺伝子（ホメオティック遺伝子）は，相同な配列（ホメオボックス）をもつ転写調節遺伝子である．植物でも動物でも，調節遺伝子の種類と組合わせが転写調節を介して分化の方向を決めている．

d. 果実の成長　　　花が咲き受粉が起こると，種子ができ果実ができる．この過程でも植物ホルモンが大きな役割を果たしており，果実の形成と成長には**ジベレリン**と**オーキシン**が，果実の成熟には**エチレン**が，それぞれ促進的な役割を果たす．エチレンは，細胞壁分解酵素などの遺伝子の発現を誘導することにより，果肉を柔らかくして成熟させるとともに落果を促進する．

これらの植物ホルモンは，農業においても用いられている．なかでも種子なしブドウにおけるジベレリンの利用や，果実の成熟促進のためのエチレンの利用はよく

(a) 野 生 型

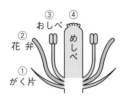

①〜④ で特定の遺伝子が発現し，
それぞれ異なる器官ができる

(b) A クラス遺伝子欠損型：A の代わりに C が発現

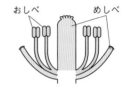

(c) B クラス遺伝子欠損型

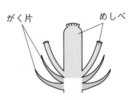

(d) C クラス遺伝子欠損型：C の代わりに A が発現

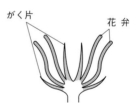

図 11・7　花の ABC モデル

知られている．種子なしブドウの場合には，花の満開前のジベレリン処理で種子が
できなくなり，満開後のジベレリン処理で子房の成長が促進される．エチレンは成
熟した果実で生成され，気体として放出されるため，成熟した果実を未成熟な果実
のそばにおいておくことでも果実の成熟が促進される．

11・3・2　老化と落葉

　植物の葉は，古くなると黄化し，やがて落葉する．老化の過程で，多くの成分が分解され転流する．また，落葉によって植物は，葉の維持というエネルギーの負担から免れ，新しい組織の形成のためにエネルギーをセーブしておくことができる．

　a. 葉の老化と紅葉　　植物の葉は，古くなったり，環境条件が悪くなったり（温度が低くなったり，光条件が悪くなったり，日長が短くなったり，乾期に入ったり）すると**黄化**する（図11・8a）．落葉樹では，**紅葉**することもある（図11・8b）．黄化は，緑色の光合成色素**クロロフィル**などの分解により起こり，さらに**アントシアニン**が合成される場合には紅葉となる．老化の過程では，タンパク質などクロロフィル以外の多くの成分も分解され，分解産物である低分子化合物が転流し，若い器官で再利用される．

　葉の老化も植物ホルモンによって調節されており，**アブシシン酸**と**エチレン**は老化を促進するのに対し，**サイトカイニン**は老化を抑制する．この性質を利用して，エチレン合成阻害剤やサイトカイニン様化合物が，切り花を長持ちさせるために利用される．

(a) イチョウの黄化

(b) イロハモミジの紅葉

図11・8　黄化と紅葉

　b. 落　葉　　さらに老化が進むと，落葉がみられる．落葉は，葉柄のつけ根に**離層**とよばれる特別な細胞層がつくられ，そこで合成された酵素が細胞壁間の接着を緩めることにより起こる．前述の落果と同様のしくみで起こる．

　離層の形成には，**エチレン**が促進的に，**オーキシン**が抑制的にはたらく．若い元気な葉では，オーキシンがたくさんつくられてエチレン感受性を抑制しているが，古くなった葉では，エチレン感受性を抑制しきれず離層が形成される．

11・4　ストレス応答

　植物は，一日の時間や季節に対応する応答以外にも，乾燥や塩ストレス，低温や高温のストレス，昆虫による食害や病原体などのストレスに応答するしくみをもっている．これらのストレス応答では，植物ホルモンとしてアブシシン酸やジャスモン酸が重要な役割を果たしている．移動することのできない植物にとって，ストレス応答のしくみは非常に重要である．あらかじめ弱いストレス下においておくと，そのストレスに順化し耐性を示す例も多く知られている．

　a. 乾燥や塩ストレスへの応答　　乾燥や塩ストレス下では，**アブシシン酸**が合成され，気孔が閉じ，水の蒸散を抑制する（§11・2・3 参照）．細胞内の浸透圧も増加し，水分を吸収しやすくする．また，上述のように，乾期に入ると積極的に葉の老化や落葉を行う植物もある（§11・3・2 参照）．

　b. 低温や高温への応答　　低温になれば生体膜の流動性は低下するが，低温にさらされた植物では，膜の流動性を高める脂質の割合が増加して流動性が維持できるようになる．また，凝固点を下げ，細胞内の水分が凍りにくくするよう，糖やアミノ酸などの低分子化合物を多く合成するようになる．低温ストレス応答にもアブシシン酸が関与している．

　高温では，他の生物でも知られているように，熱ショックタンパク質を合成する．このタンパク質は，他のタンパク質を熱による変性から保護する．気孔を閉じることによって，水の蒸散を防ぐことができる．

　c. 食害に対する防御　　昆虫の食害により傷を受けた植物は，タンパク質分解酵素阻害物質を合成して昆虫の生育を抑制したり，傷口を保護する物質を合成したりする．これらの反応は**ジャスモン酸**が誘導し，植物体の他の部位へも情報が伝えられる．さらに，敵が来たことを仲間に知らせる**揮発性物質**や，天敵を誘引する揮発性物質の合成にも，ジャスモン酸が深く関わっている．

　d. 病原体に対する防御　　植物は，病原性微生物やウイルスに感染すると，**フィトアレキシン***という抗菌物質を合成したり，周囲の細胞の細胞死により感染の拡大を防ぐ．通常は道管などにのみ含まれる細胞壁成分**リグニン**を合成し，細胞壁を強化する場合もある．

---

　* ファイトアレキシンともいう．

12 生物の系統と進化

▶ 行動目標
1. 生物の進化のしくみを説明できる.
2. 遺伝子の変異と浮動を説明できる.
3. 生命の起源を説明できる.
4. 生物の系統を説明できる.
5. ヒトの起源と進化を説明できる.

　生命の誕生は，40億年前とも38億年前ともいわれる. この長い間，絶えることなく生命を受け継ぎつつ，単純な構造の生命体から，複雑な多細胞生物まで進化した. 現在，地球上には多様な生物が生息し，生命の営みを続けている. ここでいう進化とは，ある生物集団の遺伝的構成が世代交代を繰返すうちに変化することである. この進化という考え方により，なぜ地球上のあらゆる生物が自身の生息する環境に適した多様な性質を備えているのか，またなぜ多様な生物が存在する一方でそれらは多くの共通点をもつのか，といった疑問に説明がつく.

　本章では，まず進化とは何かに焦点を当て（§12・1），それから生命の起源（§12・2）にさかのぼり，進化により生み出された多様な生物の系統（§12・3）について解説していく.

12・1　進化のしくみ
12・1・1　進化とは何か

　地球上には，過去に多様な生物が存在し，そして，現在も多様な生物が存在している. これらの生物の出現と多様化は，世代交代を繰返しながら**進化**してきた結果である.

　生物の遺伝情報は，遺伝子をのせた染色体（ゲノム）を介して，次世代へ伝えられる. 二倍体の生物は，減数分裂により一倍体の配偶子（雄性配偶子である精子と雌性配偶子である卵子）をつくる. そして，雄性配偶子と雌性配偶子間の接合（受精）により，次世代の二倍体細胞（受精卵）が生じる. 進化の背景にはこのような世代交代の繰返しの過程で生じる個の"遺伝情報の変化"があり，進化とは，一つの生物種の集団内の遺伝的構成（遺伝子プールの構造）の世代を通した変化である. つまり，進化の単位は，遺伝子の交流（つまり生殖）が可能な複数の個体から

なる“集団”であり，その最大の範囲が**種**と定義される．言い換えると，生物の進化は，個における変異が集団のなかで安定化したものである．

では，このような遺伝情報の変化はどのように生じ，どのように受け継がれて集団に広まっていくのだろうか．個の遺伝情報の変化を生むのは突然変異であり（§12・1・2），これによって個体間に遺伝的な違いが生じる．このことが，進化が起こる素地である．そこから，後述する遺伝的浮動（§12・1・3）や自然選択（§12・1・5）などのしくみにより，ある変異をもつ個体の割合が増えたり減ったりすることで，集団全体の遺伝的特性が変化していく．それぞれのしくみについて見ていこう．

12・1・2 突 然 変 異

次世代に伝わる遺伝情報の変化は，生殖細胞のゲノム上に生じる**突然変異**である．突然変異の多くは，塩基置換（点突然変異）や塩基の挿入・欠失である．これは，DNAの複製時にDNAポリメラーゼによる複製エラーで生じるほか，物理的要因（紫外線や放射線などによるDNA損傷）や化学的要因（発がん物質などの化学物質や活性酸素などによるDNA損傷）およびその修復過程に起因する．また，染色体の構造変化（染色体の一部の欠失や重複，転座など）による突然変異もある．

突然変異は，その変異をもつ個体の生存に与える影響から，**有害突然変異**，**有益突然変異**および**中立突然変異**に分けて考えることができる．有害突然変異，有益突然変異は，その名のとおり生存に不利また有利な性質をもたらす変異である．中立突然変異は，遺伝子のはたらきに変化を生じない変異である．たとえば，DNA上の遺伝子間にある非コード領域や遺伝子中のイントロンの領域には塩基配列が変化しても遺伝子の機能には影響を与えない部分があり，そこで生じる変化の多くは中立突然変異である．また，エキソンにも遺伝子の機能に影響を与えない部分があり，ゲノムに生じる突然変異の大半は，中立突然変異であることが知られている．

12・1・3 遺伝子頻度と遺伝的浮動

突然変異により新しい対立遺伝子が生まれても，その対立遺伝子が次世代の個体に受け継がれなければ集団から消失するし，逆に世代を越えて受け継がれ集団内に広がっていくこともある．このような，ある対立遺伝子が集団を占める割合を**遺伝子頻度**という．進化の過程は，遺伝子頻度の変化を伴う．

G. H. Hardy と W. Weinberg は，相同染色体で同一の遺伝子座*を占める対立遺

---

* 遺伝子座とは，染色体上の位置のこと．

伝子の相対頻度（つまり遺伝子頻度）は，次のような前提のもとでは世代交代を通じて変化しないとしている（ハーディ・ワインベルクの法則[*]）.

1) 十分な個体数.
2) 二倍体生物である.
3) 生殖チャンスは各世代1回のみで，世代間で生殖期間は重ならない（回遊するサケマス類，セミなどが典型的な例）.
4) 個体数が世代を通じて変わらない.
5) つくられる配偶子の総数が，各世代の個体数に対して十分に大きい.

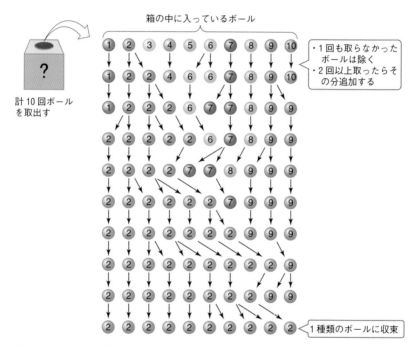

図12・1　遺伝的浮動の考え方　箱の中に1から10の番号が振られたボールがある．箱から計10回ボールを取出すが，取出したボールは元の箱に戻す．つまり，同じ数字のついたボールを複数回取ることもある．ここではまず，2と6が2回選ばれ，3と5は選ばれなかったとする．次に，3と5を箱から除き，2と6のボールを追加する．そして，再び同様にボールを10回選ぶ．このような過程を繰返すと，最終的には，すべてのボールが1種類の数字（この例では2）に収束する．

---

[*] ハーディ・ワインベルクの法則のもとでは，ある集団における対立遺伝子Aとaの遺伝子頻度である p と q の和は1となる．

6) 外部との個体の出入りがない.

7) 対立遺伝子のいずれをもつかで，生存に対する有利・不利の差が生じない.
    （すなわち，この法則は，対立遺伝子の起源が中立突然変異であることを前提
    としている.）

このような条件下では，集団内での遺伝子頻度は，世代交代しても変わらない. す
なわち，この集団は進化しないと説明した.

　しかし，実際の生物では，それぞれの個体が実際に残す子孫の数は，偶然に左右
される部分がある. すなわち，次世代の遺伝子頻度が親世代の対立遺伝子の相対頻
度から少しずれることは，おおいにある. このような偶然による遺伝子頻度の変動
を，**遺伝的浮動**という. 遺伝的浮動の結果，世代ごとに遺伝子頻度が少しずつ変化
し，最終的には対立遺伝子の一方のみが集団に残る. これを**固定**という（図12・
1）. 固定するのにかかる時間は，集団が小さいほど速くなる. つまり個体数の少な
い集団ほど，遺伝的浮動の効果が強い.

12・1・4　分子進化の中立説

　ゲノム上に生じる突然変異の大半が**中立突然変異**であることから，中立変異がど
のように集団内に広まり固定するのかを知ることは，進化を理解するうえで重要で
ある. 二倍体の生物では，突然変異はランダムに生じる. よって，一つの突然変異
は，集団を構成する1個体の相同染色体上の一方の染色体上に生じる. よって，集
団の個体数をNとしたとき，新たに出現した突然変異の集団内での頻度は，$\frac{1}{2N}$で
ある. この突然変異が中立変異であるとき，集団に固定される確率は$\frac{1}{2N}$である
ことが知られている. また，遺伝子座当たりの突然変異率をμ（単位は/年）とす
ると，1年当たりに集団中に新しい突然変異の出現する確率は$2N\mu$となることが
知られている. 各突然変異の固定確率は$\frac{1}{2N}$であるので，ある遺伝子の年当たり
の突然変異の置換率は，突然変異率μに等しい. つまり，中立遺伝子の進化速度
は，突然変異率μに等しい.

　木村資生は，DNA上（ゲノム上）に生じる突然変異の大半が中立突然変異であ
ることから，分子レベルの進化は中立変異に基づく進化（中立進化）が主要因であ
ることを主張した（分子進化の中立説）. というのは，あとに述べる自然選択では，
生存に有利な性質をもたらす変異が高い確率で残って集団内に広まっていくと考え
るが，有利または不利な変異が生じる頻度は中立な変異に比べて圧倒的に少ないか
らである. よって中立変異が，遺伝的浮動によって消失したり固定されたりした
結果として起こる進化が，分子レベルの進化においては主であると考えられる.

12・1・5 自然選択説（ダーウィニズム）と適応度

前述した遺伝的浮動のほかにもう一つ重要な進化のしくみとして，**自然選択**がある．C. R. Darwin と A. R. Wallace は，それぞれ独立に，表現型進化のメカニズムとして"自然選択説"に到達した．Darwin は遺伝子や染色体に基づく遺伝を知らなかったが，"遺伝子"という概念を使うと，自然選択説は次のようにまとめることができる．

1) 交配可能であり同所的に生存する集団，すなわち"同種"内での選択である．
2) 個体間に，遺伝子の違いによって性質の違いが生じる（遺伝子の違いや遺伝子の組合わせの違いによって，同じ種でも異なる形質が出現する）．この違いは遺伝する．
3) 個体間で競争があり，その優劣に基づいて子孫を残す率が異なる（より環境に適応したものが，より多くの子孫を残す）（適者生存：より多くの子孫を残すものを適者と定義する）．

たとえば，さまざまな口の形をもつ個体が存在し，口の形が餌の形に当てはまるほど子孫を残しやすいと仮定する．そして口の形状は遺伝すると仮定する．この場合，世代を経るにつれて餌の形状と口の形状が合わない個体の割合が減り，最終的には餌と口の形状が一致した個体のみの集団が構成されるようになる（図12・2）．

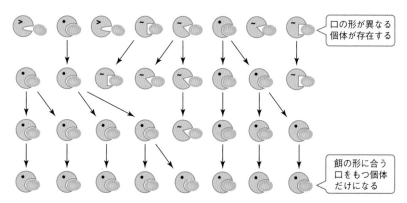

図12・2 自然選択の考え方 口の形の異なる個体が存在し，口の形は遺伝する．餌の形に適合した口をもつほうが有利であるとする．また，この生物は一倍体生物であるとする．世代交代を繰返すにつれて餌の形に適合する個体の割合が増え，最終的には餌の形に合った口をもつ個体のみの集団となる．

このように，集団内で，生存・生殖に有利な遺伝形質をもつ個体がそうでない個体より高い確率で生き残って子孫を残すことを**自然選択**という．自然選択の結果として，その有利な形質を支配する遺伝子の頻度は世代を経るにつれて増加する．そ

うしてより環境に適合した形質（をもたらす遺伝子）を，集団全体が備えるようになることを**適応**という（詳細は§13・1を参照）．

　長期間安定した環境であれば，そこに生息する種はよくその環境に適応していると考えられる．この場合，その種では平均的な形質をもつ個体が適者であると考えられ，平均的な形質から大きく外れた個体は子孫を残しにくいという**安定化選択**がみられる．逆に生育環境が激変した場合や，その種が新しい環境に移動した場合には，新しい環境により適した個体が子孫を残しやすい．そのため，その種は，新しい環境に適した形質をもつ個体によって構成されるように変化する．

　このような自然選択による進化は，遺伝子の集団への固定という観点から説明することができる．ある二倍体の生物集団で対立遺伝子Ａとａがあり（Ａが顕性遺伝子），表現型 "ａ" の個体のほうが表現型 "Ａ" の個体よりも，ある割合〔s：選択係数（淘汰係数）〕だけ子孫を残しやすいとする（子孫の残しやすさを適応度とする）．偶然に左右されないならば，世代を繰返すごとに，遺伝子ａをもつ個体の割合が増加する．しかし，実際には遺伝的浮動を考慮する必要があり，すべての自然選択に有利な遺伝子が集団に広まるわけではない．ある突然変異が自然選択において有利である場合，その変異の集団への固定確率が $2s$ であることが知られているが，この値は通常１（変異のすべてが固定する確率）よりもきわめて小さい．すなわち，自然選択に有利な突然変異であっても，その大半は進化の過程で失われる．

12・1・6　分子進化の特徴

　分子進化の中立説については，すでに述べた．研究の進展から，分子レベルの進化について次のような特徴が知られるようになった．

❶ その変異が中立的か否かは，染色体（あるいは遺伝子）上の位置によって異なる．その遺伝子（あるいはタンパク質などの遺伝子産物）が正常にはたらくために重要な部分ほど，すべての起こりうる変異のなかでの中立的な変異の割合が減る．すなわち，機能に重要な位置ほど，単位時間当たりの置換率（分子進化速度）は小さい．言い換えると，配列の変化が小さいところは機能的に重要である．

　コドンを例にすると，コドン３文字目の置換はアミノ酸の変化を伴わない場合が多い．コドン１文字目の置換の多くはアミノ酸の変化を伴うが，ロイシンやアルギニンのようにコドン１文字目の変化がアミノ酸の置換を意味しない場合がある（表5・2を参照）．コドン２文字目の置換は，必ずアミノ酸の変化を伴う．コドンの位置ごとに進化速度を比較すると，コドン３文字目＞コドン１文字目＞コドン２文字目であり，アミノ酸変化が起こりにくい順に進化速度が速いことが知られている．

❷ 分子レベルの変化は，遺伝子（の特定の位置）を取出して生物間で比較すると，およそ年当たり一定である（分子時計）.

　二つの相同配列（祖先をさかのぼると一つになる配列）の間の相違度を，**分子進化距離**という（図 12・3）. さまざまな生物から得られた相同配列について，この分子進化距離の大小を比較すると，生物と生物の関係を推定することができる. このような進化研究法を**分子系統解析**という. かつては，生物の形などの特徴を中心に生物間の系統関係が推定されてきたが，この考え方は，研究者が生物のどの特徴を重要視するかによって左右される. 近年は，より客観的に生物間の関係を調べる分子系統解析によって，生物の進化と系統関係の理解は大きく変わってきた.

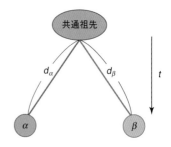

図 12・3　分子進化距離　t は時間の流れを示す. d_α は共通祖先から α にいたる進化距離，d_β は共通祖先から β にいたる進化距離である. α と β の間の進化距離は $d_\alpha + d_\beta$ である.

12・2　生命の起源

12・2・1　生命を構成する物質の起源

　138 億年前に宇宙が開闢してから，恒星の世代交代が繰返されるにつれ，初期の軽い元素（H，He）からより重い元素が生じた. **太陽系**と**地球**の年齢は約 46 億年であり，太陽系形成時には，地球のような岩石惑星が形成可能であった. 地球は，太陽系形成時に原始惑星系円盤の宇宙塵やガスがまとまって微惑星を形成し，それが衝突を繰返し成長することで形成されたと考えられている. ある程度の大きさに成長した原始地球は，衝突エネルギーなどによって熱され，表面が溶解したと考えられる. また，原始地球を構成した微惑星から脱ガスが起こり，原始大気も形成された. その後，衝突エネルギーが宇宙に放出されると地表温度も下がり，海と陸が形成された.

　生物を構成する有機化合物は，最初，このような初期地球の環境下で無生物的に

形成されたと考えられる．S. L. Miller は，この可能性を初めて実験的に示した．
彼は，当時考えられていた還元的な原始大気を想定し，H_2O，CH_4，NH_3，H_2 の混
合気体に放電（雷に相当）して生じた有機化合物を分析した．その結果，タンパク
質を構成するアミノ酸（標準アミノ酸）を含む種々のアミノ酸が検出された．その
後，原始地球において想定されるさまざまな環境で，アミノ酸以外にも核酸塩基や
リボース（やデオキシリボース）などの有機化合物も合成可能であることが示唆さ
れている．

　また，宇宙でも有機化合物が生成しており，宇宙塵や隕石のかたちで現在でも地
上にもたらされている．たとえば，炭素質コンドライト隕石であるマーチソン隕石
からは，グリシンやアラニンをはじめとするアミノ酸が検出されている．これら
が，地球の歴史の初期に，生命が出現するために必要な有機化合物を供給した可能
性は高い．

12・2・2　RNA ワールドから細胞へ

　RNA は，ゲノムとしても，化学反応を触媒する酵素（リボザイム）としてもは
たらくことができる．実際に，RNA ウイルスは RNA ゲノムをもつ．また，リボ
ソームでは大サブユニットの rRNA がペプチジルトランスフェラーゼの本体であ
り，リボザイムが重要なはたらきをしている．

　W. Gilbert は，“RNA ワールド仮説”を提唱した．RNA ワールドとは，遺伝物質
と触媒の両方の機能を果たす RNA による自己複製系の存在する時代が出現し，そ
の後，タンパク質や DNA が加わったとするものである．さらに，そのような自己
複製系が脂質膜などで形成された小胞に取込まれ，その小胞が進化の単位となるこ
とにより，自己複製系の進化は進んだと考えられる．このような小胞が細胞の起源
であると考えられる．

　細胞の形態をとどめていると考えられる最古のものとして，少なくとも 35 億年
前の微化石が見つかっている．また，生物の CO_2 同化などにおける ^{12}C と ^{13}C の
同位体比（光合成などの CO_2 同化の反応では ^{13}C は反応に使われにくく，生物の
つくる有機物中の $^{13}C/^{12}C$ 比は，大気中の CO_2 などの場合に比べて低い）におい
て，約 38 億年前を前後して海洋堆積物中の ^{13}C の比率の低下が起こることから，
この時代までには独立栄養生物が出現していたと考えられる．化石記録と分子系統
解析を組合わせた推定でも，全細胞性生物の最後の共通祖先は約 39 億年前に出現
したとされ，それ以前に細胞性生物が出現していたことが考えられる．表 12・1
に，生命の進化上重要な時期を示した．

表 12・1　地球の歴史　[出典: 年代は, K. M. Cohen *et al.*, "Episodes 36", 199〜204 (2013) に基づく.]

累代	代	紀	世	開始時期 (百万年前)	生物・環境
顕生(累)代	新生代	第四紀	完新世	0.01	
			更新世	2.58	*Homo sapiens* の出現
		新第三紀	鮮新世	5.33	人類の出現
			中新世	23	
		古第三紀		66.0	
	中生代	白亜紀	(後期)	100.5	白亜紀末の大量絶滅 (恐竜, アンモナイトなどの絶滅)
			(前期)	145.0	
		ジュラ紀	(後期)	163.5	
			(中期)	174.1	
			(前期)	201.3	被子植物の出現
		三畳紀	(後期)	〜237	恐竜の出現, 哺乳類の出現, 三畳紀末の大量絶滅
			(中期)	247.2	
			(前期)	251.9	
	古生代	ペルム紀		298.9	裸子植物の出現, ペルム紀末の大量絶滅
		石炭紀		358.9	爬虫類の出現
		デボン紀		419.2	両生類の出現, 昆虫の出現
		シルル紀		443.8	
		オルドビス紀		485.4	植物の陸上進出
		カンブリア紀		541.0	"カンブリア爆発"
先カンブリア時代	原生代	新原生代		1000	多細胞動物の出現 (エディアカラ生物群), 全球凍結 (650百万年前, 700百万年前))
		中原生代		1600	
		古原生代		2500	真核生物の出現 (約1900百万年前), 全球凍結 (2200百万年前)
	太古代(始生代)	新太古代		2800	酸素発生型光合成生物の出現
		中太古代		3200	
		古太古代		3600	真正細菌, 古細菌おのおのの共通祖先の出現
		原太古代		4000	全生物の最後の共通祖先 (約3900百万年前)
	冥王代			〜4600	生命の誕生

12・3 生物の系統

12・3・1 三つのドメイン

細胞性の生物は，細胞の構造から**原核生物**と**真核生物**に分けられる．C. R. Woese^{ウーズ}は，小サブユニット rRNA（16S）を用いた分子系統解析に基づき，原核生物が性質の異なる二つのグループ（真正細菌と古細菌）に分けられることを見いだした．そして，生物を① **細菌**（真正細菌），② **古細菌**（アーキア），③ **真核生物**の三ドメインに分類し，古細菌と真核生物は姉妹群であるとした（図12・4，表12・2）．

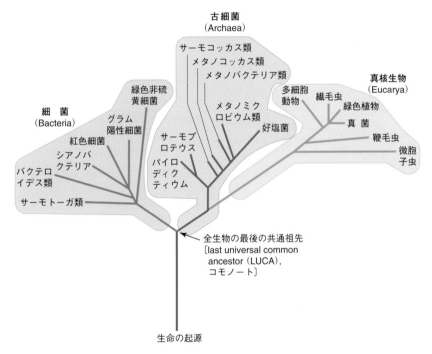

図12・4　小サブユニット rRNA に基づく全生物の分子系統樹　Woese による三つのドメインの関係を示している．〔出典：C. R. Woese *et al.*, *PNAS*, 87, 4576～4579（1990）に基づく〕

12・3・2 真核生物の起源

表12・2で真正細菌，古細菌，真核生物の特徴を比較したように，真核生物は，古細菌に似た性質と真正細菌に似た性質の双方をもっている．ゲノム解析などの進展とそれに伴う分子系統解析の結果から，古細菌のなかから真核生物が出現したと

表12・2　真正細菌，古細菌，真核生物の代表的な特徴の比較［出典: N. H. Barton *et al.*, "Evolution", Cold Spring Harbor Laboratory Press（2007）; S. Yokobori, R. Furukawa, "Astrobiology: From the Origins of Life to the Search for Extraterrestrial Intelligence", p. 105～121, Springer Nature Switzerland（2019）より改変］

特　徴		真核生物 （核・細胞質）	古 細 菌	真正細菌
細胞サイズ		数 μm～100 μm	0.5～10 μm	0.5～10 μm
核　膜		あり	なし	なし
細胞膜脂質		・エステル結合 　（*sn*-1,2 位） ・直鎖炭化水素 　（脂肪酸）	・エーテル結合 　（*sn*-2,3 位） ・分岐鎖炭化水素 　（イソプレノイド）	・エステル結合 　（*sn*-1,2 位） ・直鎖炭化水素 　（脂肪酸）
エンドサイトーシス		あり	なし	なし
アクチンと関連タンパク質		あり	あり（限定的）	あり（限定的）
チューブリンと関連タンパク質		あり	あり（限定的）	あり（限定的）
中間径フィラメント		あり	あり（限定的）	あり（限定的）
細胞小器官		あり	なし	なし
複　製 ゲノム構造 遺伝子構造	染色体構造	線 状	環 状	環状（例外あり）
	複製 DNA 合成酵素	ファミリー B	ファミリー B （一部の種で＋D）	ファミリー C
	DNA 結合タンパク質	ヒストン	古細菌型ヒストン	HU タンパク質
	オペロン	なし	あり	あり
転　写	mRNA 上のイントロン	あり	なし	なし
	mRNA の5′末端のキャップ構造	あり	なし	なし
	mRNA の3′末端のポリ A	あり（安定化，分解）	あり（分解）	あり（分解）
	RNA 合成酵素	3種類(Pol I, II, III)	1種（Pol II 型）	1種類（Pol I 型）
	転写開始システム	転写開始前複合体 （TFIIB, TBP）	TFB-TBP	σ（シグマ）因子
翻　訳	開始 tRNA	メチオニン	メチオニン	ホルミルメチオニン
	tRNA 上のイントロン	あり	あり	あり，ただしまれ
	リボソームのサイズ	80S（60S＋40S）	70S（50S＋30S）	70S（50S＋30S）
メタン合成		なし	あり	なし
光 合 成		あり（ただし葉緑体による）	なし	あり

いう考えが支持されるようになってきた．真核生物の起源ないしは起源に近い古細菌のグループとしては，アスガルド古細菌（上門）が有力視されている（図12・5a）．真正細菌や古細菌が約34億年前に出現したと推定されるのに対し，真核生物の出現は遅く，約18億年前である．

真核細胞は，真正細菌や古細菌などの原核細胞と比較して，内膜系（核膜，小胞体，ゴルジ装置など）が発達した複雑な内部構造をもつ．真核細胞のゲノムDNAは核に収納されているが，二重膜で囲まれたミトコンドリアや色素体（葉緑体）も独自の遺伝情報系をもつ．真核生物ゲノムがコードする遺伝子をそれぞれ真正細菌，古細菌の対応する遺伝子と比較すると，真正細菌起源遺伝子と古細菌起源遺伝子の双方が見いだされる．

L.Margulis は，ミトコンドリアや色素体は，それぞれ α プロテオバクテリアとシアノバクテリア（ともに真正細菌）が原真核細胞に細胞内共生したことを起源とするという連続細胞内共生説を提唱した（第1章のコラム1を参照）．このミトコンドリアや色素体の共生起源説は，現在，広く受入れられている．しかし，共生起源説によって，真核生物の遺伝子中の真正細菌起源遺伝子をすべて説明できるわけではない．さまざまな系統の真正細菌や古細菌に由来する遺伝子が，ウイルスの媒介や共生などを経て原真核細胞にもたらされ，それらも真核細胞の成立に重要であったと考えられている（水平移動*）．

12・3・3 真核生物の多様化

真核生物が多様化する過程については不明な点が多いが，真核生物を五つほどのグループに分類することが多い（図12・5b）．色素体は，**アーケプラスチダ**（陸上植物，緑藻，紅藻など）の祖先が獲得したと考えられている．シアノバクテリアの色素体化はこの1回のみであり，アーケプラスチダ以外の色素体をもつグループ（ユーグレナ，褐藻など）は，一次共生により色素体をもつアーケプラスチダに属する真核生物が，別の細胞に共生すること（二次共生）によって，色素体化したと考えられる．

また，真核生物の大半は，単細胞性である．多細胞性は，多細胞動物（後生動物），真菌の一部，緑色植物，褐藻，細胞性粘菌などでみられる．いずれのグループも近縁グループは単細胞性であり，真核生物の多細胞化は独立に複数回起こった．

---

* 母細胞から娘細胞へ，または親から子への遺伝（垂直伝播）に対して，他の生物から遺伝子がもち込まれること．水平伝播ともいう．

(a)

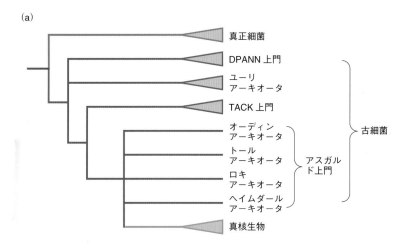

(b)

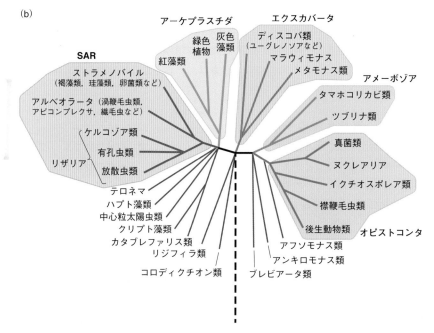

図 12・5　真核生物の進化　(a) 真核生物の起源．(b) 真核生物の進化の模式図．黒の実
線部分は，考えうる真核生物の起源の位置の範囲を示す．[出典：(a) Zaremba-
Niedzwiedzka *et al.*, *Nature*, **541**, 353〜358 (2017) に基づく．(b) Adl *et al.*, *J. Eukaryot.
Microbiol.*, **59**, 429〜493 (2012) に基づく]

12・3・4　多細胞動物（後生動物）の多様化

　多細胞動物は，真菌類とともにオピストコンタ（後方鞭毛生物）に分類される．海綿動物の襟細胞に形態のよく似た立襟鞭毛虫類が，多細胞動物に最も近縁な単細胞性真核生物である．

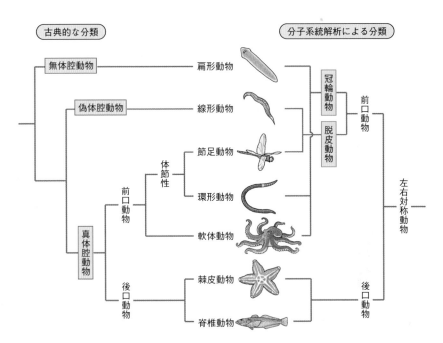

図12・6　多細胞動物の系統に対する古典的な考えと分子系統解析に基づく考え　古典的な考え（左）と分子系統解析に基づく考え（右）の比較．古典的な考えでは，体節をもつ真体腔動物である環形動物と節足動物がグループになる．分子系統解析に基づくと，環形動物の節足動物の体節性は独立に進化したことになる．

　立襟鞭毛虫類との類似性から，**海綿動物**が最も初期に分岐した多細胞動物であると考えられる．しかし，分子系統解析に基づいて**有櫛動物**が最も初期に分岐した多細胞動物であるとする説も有力である．また，左右対称動物（三胚葉性）は，近年の分子系統解析では，**後口動物**と**前口動物**に分けられ，さらに後者は**脱皮動物**と**冠輪動物**に分類される（図12・6）．古典的な分類学で重視された体腔の構造は，進化的な類縁関係というよりも体のサイズとの関連が強く，体節構造も独立に何度も進化したと考えられる．

12・3・5　脊椎動物の多様化

　脊椎動物は，顎をもたない**円口類**と顎をもつ**顎口類**に分類され，顎口類は**軟骨魚類**と**硬骨魚類**に分類される．硬骨魚類の初期の進化は，陸水（湖沼や川など）中で進行したと考えられる．肺と鰾（うきぶくろ）は相同器官であり，肺が祖先形だと考えられる．硬骨魚類のなかの肉鰭類から**四肢動物**が生まれ，陸に進出した．また，海に進出した硬骨魚類で，肺から鰾への進化が生じた．

　陸上に最初に進出した四肢動物は，**両生類**である（図 12・7）．両生類から，乾燥に耐えうる卵（固い卵殻と酸素・二酸化炭素の交換を担う胚膜をもつ）を産み，より乾燥に適応した**爬虫類**が出現した．古生代の石炭紀後期には，早くも**哺乳類**の祖先となる系統が，爬虫類から分岐した．その後，三畳紀末期の大絶滅の際に生き残った系統から，哺乳類が出現した．一方，中生代の三畳紀から白亜紀末まで陸上で繁栄した**恐竜**は，絶滅した．しかし，ジュラ紀に恐竜の獣脚類から進化した**鳥類**として生き残っているということもできる．

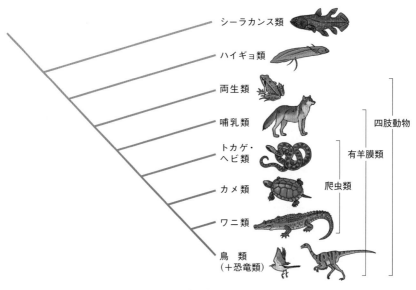

図 12・7　四肢動物の進化の模式図

　白亜紀末の大量絶滅を逃れた哺乳類は，新生代に入って急速に多様化した．現生哺乳類には**単孔類**，**有袋類**，**有胎盤類**があるが，有胎盤類の進化・系統についての理解は，近年大きく変化した（図 12・8a）．**パンゲア超大陸のローラシア大陸**とゴ

ンドワナ大陸への分裂，さらにはゴンドワナ大陸の南アメリカ大陸，アフリカ大陸，オーストラリア大陸，南極大陸の分裂に伴って，有胎盤類は**北方獣類**（さらにローラシア獣類と真主齧類），**南米獣類**（異節類），**アフリカ獣類**，に分かれてそれぞれの大陸で進化した（図 12・8b）．

(a)

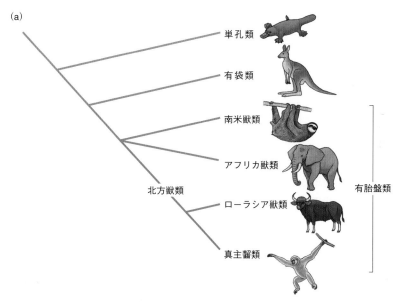

(b) 100 万年前の大陸とそれぞれの大陸で進化した動物

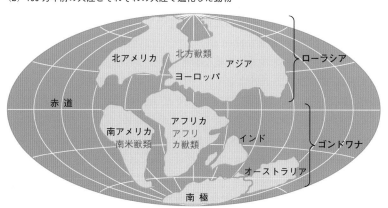

図 12・8　哺乳類の進化の模式図　(a) 大陸移動と有胎盤類の初期の進化の関係．(b) 有胎盤類の初期の進化は，大陸の分裂によって，三つのグループに分かれて進行した．

12・3・6　人類の起源と進化

　サル目は，ネズミ目やウサギ目とともに真主齧類に分類される．サル類は，もともと樹上生活者であったと考えられる．ヒト *Homo sapiens* を含むヒト上科でも，テナガザルやオランウータン，チンパンジー，ボノボは基本的に樹上生活者であり，ゴリラとともに森林生活者である．現生種では，テナガザル類と他の類人猿の祖先が分岐したのち，最初にオランウータンが，次にゴリラが分岐した．ヒトの姉妹群は，チンパンジー属（チンパンジーとボノボ）である．ヒトとチンパンジー類の分岐年代は 600〜700 万年前と考えられるが，1200 万年前までさかのぼるとする研究もある．

　Australopithecus（アウストラロピテクス）属などの初期の人類（猿人と総称されることが多い）の化石はアフリカで発見されており，人類の初期の進化のおもな舞台はアフリカであったと考えられる．その後，*Homo erectus* は，インドや東南アジア，中国に生息域を広げた（原人，ジャワ原人や北京原人）．さらに，*Homo sapiens* がアフリカで誕生し，その初期のグループ（旧人）がアフリカの外に進出した．旧人の代表としては *Homo sapiens neanderthalenis*（ネアンデルタール人）があげられる．

　現在の人類は，*H. sapiens sapiens* 1 種 1 亜種のみである（新人）．母性遺伝するミトコンドリア DNA の系統解析から，現在生きている *H. s. sapiens* のミトコンドリア DNA は 12 から 20 万年前のアフリカに生きていた女性であることが推定された．この女性は“ミトコンドリア・イブ”とよばれる．（ミトコンドリア・イブは，その当時生きていた *H. s. sapiens* の集団の中の 1 人の女性であり，それ以外の女性のミトコンドリア DNA は，人類の進化の過程で失われた．図 12・1 を参照．）ミトコンドリア・イブは，*H. s. sapiens* がアフリカで誕生し，その後世界中に広まったと考えるアフリカ単一起源説の重要な論拠の一つである．

　H. s. sapiens がアフリカの外に進出したのちも，現在は絶滅してしまった *H. s. neanderthalensis*（約 2 万 8000 年前に絶滅）や *H. erectus*（約 7 万年前に絶滅）なども生存しており，複数種の人類が共存していた時代も長い．近年の古代 DNA の解析の進展により *H. s. neanderthalensis* やデニソワ人（絶滅した *H. sapiens* の亜種と考えられる）などのゲノムを *H. s. sapiens* のゲノムと比較できるようになった．その結果，*H. s. neanderthalensis* やデニソワ人などと *H. s. sapiens* の間で混血があったことが明らかになってきた．少なくとも，アフリカから外に進出した *H. s. sapiens* は，数％の *H. s. neanderthalensis* 由来の遺伝子をもっている．

13 生物の生態と多様性

▶ 行動目標
1. 適応度について説明できる.
2. 最適戦略と頻度依存の選択について説明できる.
3. 性選択について説明できる.
4. 社会性動物でみられる利他的行動が進化した理由を説明できる.
5. 生物間の相互作用の一つの例を説明できる.
6. 近年，生物多様性が低下している理由を説明できる.

　生態学（ecology）は，生物が生育している環境に適応しているしくみやその意義を調べる研究分野である．地球上のどの場所に住む生物も自分のまわりの環境からたえず影響を受けており（作用），生物自身もまわりの環境につねに影響を与えている（環境形成作用）．環境は多様な環境要因から構成される．環境要因には，光や水などの無機的な環境要因のほかに，まわりの生物個体（生物的な環境要因）も含まれる．つまり，ある一つの生物個体は同種・異種にかかわらず，まわりの生

バイオーム
～生態系

個体群（群れ）
～生物群集

個 体

図 13・1　生態学における階層性　生態学では各階層におけるさまざまな現象を調べるだけではなく，階層にまたがるような現象を明らかにする研究も行われる.

物個体と関わりあいながら（相互作用），さまざまな無機的な環境要因から影響を
受けて生育しているといえる．

　また生態学では，ある生物個体の形態や行動を調べる研究から，ある一つの生物
種が集まってつくられる個体群の性質や動態に注目する研究，複数の生物種でつく
られる生物群集内でみられるさまざまな生物間の相互作用やその多様性を明らかに
する研究，無機的な環境要因と生物群集をまとめた生態系内の元素の循環を調べる
ことで地球レベルの環境変動を予測する研究といった，幅広い階層で研究がなされ
ている（図13・1）．本章では，個体，個体群，生物群集，バイオーム，生態系と
現象のスケールをさかのぼって，多様な現象の一部とそのしくみ，生態学的な意義
を説明する．近年話題となっている地球環境問題や生物多様性の保全についても簡
単に紹介する．

　エコロジー（もしくはエコ）は日常生活でも使われる用語である．この場合，エ
コロジーとは生態学で解明されてきたさまざまな知見を日常生活に反映させる考え
や活動をさしている．正しいエコ活動を行うためにも，生態学で明らかにされた知
見を理解することは重要といえるだろう．

13・1　適応と進化

　あらゆる生物は，環境からさまざまな影響を受けて生活している．生物のもつ性
質（構造や習性，機能など）がその生活環境にうまく合致していることを，**適応**と
いう．すべての生物は，生活している環境に適応した性質を長い進化の歴史のなか
で備えてきたといえる．**進化**とは，一つの生物種の集団内の遺伝的構成（遺伝子
プールの構造）の，世代を通した変化を示す．進化のしくみについては12章で学
んだ．ここでは適応という観点から，自然選択（自然淘汰）による進化と遺伝的浮
動による進化の違いについて説明する．

　自然選択による進化が起こるためには，**変異**，**選択**（淘汰），**遺伝**の三つの要素
が必要である（図13・2）．変異とは個体の間である性質に違いがあること，選択
（淘汰）とは性質が異なる個体の間では**適応度**が違うこと，遺伝とはその性質が親
から子に受け継がれることである．ここで適応度とは，1個体当たりの繁殖齢まで
達する子世代の個体数であり，ある個体の繁殖成功度を示す重要な用語である．生
存率や産卵数などは，適応度に直接影響する．ある性質に関して適応度の高い個体
と適応度の低い個体が集団にいる場合，自然選択による進化により，適応度の高い
個体の遺伝子が集団内で広まり，適応度の低い個体の遺伝子は集団から排除され

る．自然選択による進化の例は多くみられる．短期間で自然選択による進化が起こった例として，オオシモフリエダシャクの体色の進化（工業暗化），ガラパゴス諸島のガラパゴスフィンチのくちばしの高さの進化などが有名である．

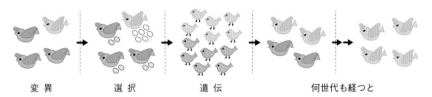

変異　　　　　　選択　　　　　　　遺伝　　　　　　　　何世代も経つと

図 13・2　自然選択による進化　ある鳥の集団内で，羽の色が黄色の個体と茶色の個体がいる（変異がある）．各個体が産卵するときに産む卵の数が，茶色の羽の個体よりも黄色の羽の個体のほうが多い（選択がある）．子の羽の色は親と同じ色になる（遺伝する）．何世代も経つと，自然選択による進化により，この集団の羽の色は黄色になる．

　一方，遺伝的浮動による進化が起こるためには，選択は必要ない．ある性質に関して適応度が同じで自然選択が起こらない場合でも，ある世代で，偶然その性質に関わる集団内での遺伝子の割合（**遺伝子頻度**）が変わる可能性がある．このように世代を経て偶然に生じる遺伝子頻度の変動が遺伝的浮動であり，適応度の差がなくとも起こる．集団内の個体数が少ない場合は，個体数が多い場合に比べて遺伝的浮動による進化が起こりやすくなる．集団内の繁殖可能な個体数が極端に減るときなどに遺伝的浮動による進化が起こり，集団内の遺伝的変異が低下する場合がある．これは**ボトルネック効果**（瓶首効果）とよばれる．

13・2　最適戦略と頻度依存の選択

　生物のあらゆる性質には，その性質から得られる**ベネフィット**（利益）と，それをもつための**コスト**が必要である．たとえば，寒い地域の動物では毛の長さが長くなり体温調節に有効であるが，長い毛をつくるためのコストが必要である．コスト当たりのベネフィットが最大になるような戦略が，最も適応度が高くなる．そのような性質をもつことを**最適戦略**とよぶ．鳥が餌を探すときの採餌行動やなわばりでの防衛行動では，最適戦略から理論的に予測された行動と実際の行動がよく合致することが知られている．動物の卵サイズや，キツリフネなどにみられる花弁の開かない閉鎖花と通常の花である開放花の集団内での割合なども，最適戦略で予測した結果と実際の結果がよく合致する．

　一方，ほとんどの生物は，つねに最適戦略を実現できているわけではない．自分のまわりの他の個体の行動により，適応的な戦略が変わりうる．このように，集団内にどのような性質をもつ個体がいるかによって適応度が変わることを，**頻度依存の選択**という．頻度依存の選択には，ある個体のもつ性質が集団内で少数派のときに適応度が高くなる**負の頻度依存の選択**と，多数派のときに適応度が高くなる**正の頻度依存の選択**がある．

　ここで，負の頻度依存の選択の例として有名な性比の問題を紹介する．多くの生物種では雄と雌の性比が1:1である．これは次のように説明できる．雄を産む母親が多い集団を考える（図13・3左）．その集団内の子どうしでランダムな交配が行われる場合，雌を産む少数派の母親のほうが，自身の孫の数は多くなる．つまり，雌を産む少数派の母親のほうの適応度が高い．そのため，雌を産む母親が集団内で多くなっていく．しかし雌を産む母親がひとたび多数派になると，逆に雄を産む母親のほうの適応度が高くなる（図13・3右）．つねに少数派が有利になるため，結果として，雄と雌の性比は1:1で平衡になっている．

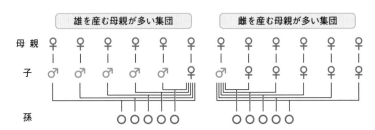

　図13・3　多くの生物種の雄と雌の性比が1:1である理由　左図は，雄を産む母親が多い集団である．その集団内の子どうしでランダムな交配が行われる場合，雌を産む少数派の母親のほうが，孫の数は多い．一方，右図のように雌を産む母親が多い集団では，雄を産む少数派の母親のほうが孫の数は多くなる．つねに少数派が有利になり，雄と雌の性比は1:1で平衡となる．

　一方，性比が1:1からかなり外れている生物種もいる．昆虫の幼虫やさなぎに卵を産む寄生バチのなかまやイチジクコバチでは，雄よりも雌の割合が多い．これらの生物種は，宿主の中で孵化し，成熟したあとに宿主内で近親交配を行う．このような場合，寄生バチの母親は，雄と雌の比を1:1で産むよりも，雌に比べて雄をできる限り少なく産んだほうが孫の数は多くなり，適応度が高くなる．負の頻度依存の選択の例はほかにもある．雄の繁殖行動の二型（§13・3を参照），性転換，鱗食性の魚が攻撃する左右の向きなど，さまざまな例が知られている．

　一方，正の頻度依存の選択の例としては，毒などの防衛能力をもたない生物種が防衛能力をもつ生物種に擬態する**ベイツ型擬態**（図13・4），カタツムリなどの巻貝の殻の巻く向きなどが知られている．

キイロスズメバチ　　　　　スズメバチに擬態した
　　　　　　　　　　　　　キタスカシバ

図13・4　ベイツ型擬態の例　防御能力をもたないチョウ目のキタスカシバは，毒針をもつハチ目のキイロスズメバチによく似た形態を示し，対捕食者戦略をもつ．

13・3　有性生殖と配偶者をめぐる競争

　生物では，異なる二つの性が交配して子ができる**有性生殖**と，親と同じ遺伝子型の子ができる**無性生殖**がある．無性生殖として，植物の地下茎，塊茎，むかごなどの例，動物でも**単為生殖**とよばれる方式で卵が受精せずに発生する例がある．有性生殖では，体細胞分裂よりも複雑なしくみをもつ減数分裂を必要とすること，雄と雌という二つの性が必要なことなど，無性生殖に比べてコストがかかり，増殖する速度も遅い．しかし，有性生殖にもメリットがあるため多くの生物で行われていると考えられている．そのメリットとして，減数分裂のときに相同染色体間で組換え（§6・1・5を参照）が起こり，無性生殖よりも多様な遺伝子型が早く出現する可能性が高いことや，突然変異で時間とともに蓄積していく有害遺伝子がホモ接合になりづらく，有害遺伝子が蓄積しにくいことがあげられる．

　雄と雌の二つの性には，配偶子（精子と卵）以外にも，体の大きさや模様などの形態や行動などに違いがみられる場合がある．たとえば，クジャクやシカ，カブトムシなどでは，華やかな羽や長い角などの派手な器官が雄に発達している．このような派手な器官は捕食者に見つかりやすく，移動の妨げにもなるため，明らかに生存に不利である．そのため，そのような雄個体の適応度は低下するはずである．しかし，派手な器官は自然選択で排除されておらず，さまざまな生物種でみられる．

その理由として，これらの器官をもつことが配偶者を得るうえで有利になり，適応
度が高いからだと考えられている．このように，配偶者を得るうえで有利な性質が
進化することを，**性選択**という．多くの生物種で雌よりも雄に派手な器官がみられ
るのは，雄と雌では繁殖に必要なコストが異なり，雌のほうが大きな配偶子の生産
や産んだ子の世話など，多くのコストを繁殖にかけているからだと考えられてい
る．雄は余った資源を配偶者の獲得のための性質に回しているといえる．雌を得る
ために，派手な器官をもつ性質のほかに奇妙な行動をする生物種もいる．ガガンボ
モドキの雄は，交尾するために雌に餌を渡す（ガガンボモドキの婚姻贈呈，図
13・5）．

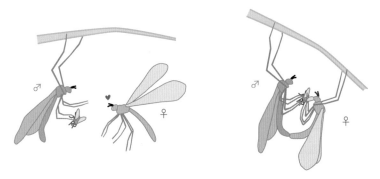

図 13・5　ガガンボモドキの婚姻贈呈　ガガンボモドキの雄は，交尾するために雌に
餌を渡す．渡す餌の大きさによって雌との交尾の時間が変わり，雌に入れられる
精子の量が変わることが知られている．

　カブトムシやシカでは，派手な器官を使って雄どうしで雌をめぐって争うことが
ある．しかし，すべての雄が闘争するわけではない．闘争している雄（**闘争型**）の
目を盗んで雌と交尾する雄（**探索型**）という，雄に二型がみられる生物も多い．闘
争型が多いと少数派の探索型の適応度が高くなり，探索型が多いと闘争型の適応度
が高くなるため，このような雄の二型は，負の頻度依存の選択の例として説明され
ている．また，雄は，交尾しても自分の精子が受精に使われないと，自分の遺伝子
が次世代に残らず適応度は低い．そのため，交尾後に他の雄との交尾を妨げる精子
栓や，雌の受精嚢内の他の雄の精子をかき出す器官などの特殊な形態は，自分の適
応度を高める性質となる．また，他の雄との交尾を妨げるトンボの尾つながりなど
の行動も同じである．これらは，雄間での**精子競争**の結果，進化したと考えられて
いる．

13・4　個体群と動物の社会性

13・4・1　個　体　群

　ある一定地域で生活し，そのなかで交配が行われる一つの生物種の集まりを**個体群**という．食物や生活空間などの資源が制限なく豊富にあれば，個体群内の個体数は，式(13・1)のように急速に増加する（**個体群の成長**という）．

$$\frac{\mathrm{d}N}{\mathrm{d}t} = rN \qquad (13 \cdot 1)$$

N は個体群内の個体数，t は時間，r は**内的自然増加率**である（図13・6）．r の値は生物種によって変わる．原核生物のように体サイズが小さい生物種では r は大きく，哺乳動物のように体サイズが大きい生物種の r は小さい．自然界では資源は有限であり，個体数は無限には増え続けない．ある一定空間内の個体数（**個体群密度**）が増加すると，さまざまな環境要因が個体群に抑圧的にはたらく．このような環境要因を総合して，**環境抵抗**という．ある限られた空間内の個体群に食物を過不足なく供給した場合，個体数は，

$$\frac{\mathrm{d}N}{\mathrm{d}t} = rN \left(1 - \frac{N}{K}\right) \qquad (13 \cdot 2)$$

で表される**ロジスティック曲線**に近似できることが知られている（図13・6）．こ

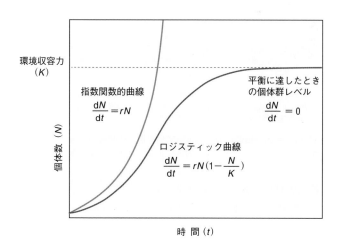

図13・6　**個体群の成長曲線**　個体数の成長を表す．環境抵抗がないときの指数関数的曲線と，環境抵抗があるときのロジスティック曲線を示している．

の式におけるKは，その限られた空間内で生存できる最大の個体数であり，**環境収容力**とよばれる．自然界では，さまざまな環境要因が複合的に影響するため，個体群がロジスティック曲線のように増殖することは少ない．しかし，実験室内の条件でショウジョウバエやゾウリムシを上手に飼育すると，ロジスティック曲線によく合うデータが得られる．このことは，ロジスティック曲線が個体群の成長の基礎的なモデルになることを示す．

　生活史とは，生物個体の生存と繁殖の過程（受精，出生，生殖，死亡）を，時間の経過とともに捉えたものである．生活史におけるさまざまな戦略をまとめて**生活史戦略**といい，生物がとる生活史戦略は，その個体の適応度を最大化する方向で進化してきたといえる．あらゆる生物は，その生活史において，自分自身の生存率を高めること（**個体努力**という）と次世代に自分の遺伝子を残すこと（**繁殖努力**という）に，獲得したエネルギー（資源ともいう）を振り分ける．繁殖努力にも，配偶子を多く残す戦略や産んだ子の世話をする戦略など，さまざまな戦略があり，どの戦略にどれだけ資源を振り分けるかは，生物種によって変わる（図13・7）．

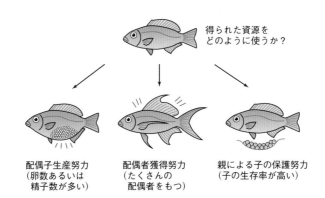

得られた資源をどのように使うか？

配偶子生産努力
（卵数あるいは
精子数が多い）

配偶者獲得努力
（たくさんの
配偶者をもつ）

親による子の保護努力
（子の生存率が高い）

図13・7　生活史戦略における繁殖努力の例　繁殖努力に振り分けられた
資源をどのように使うかは生物種によってさまざまである．

　生物の生活史戦略を，個体数の変化を表すロジスティック式のパラメータrとKに基づいて，**r戦略**と**K戦略**に分ける表し方がある．r戦略をもつ生物種は，小さい体サイズ，速い増殖速度，数多くの小さな配偶子の生産，短い寿命などの性質をもち，K戦略をもつ生物種は，反対に大きな体サイズ，遅い増殖速度，数少ない大きな配偶子の生産，長い寿命などの性質をもつ．

13・4・2　動物の群れと社会性

　動物の個体群は**群れ**ともよばれる．群れになることにより，繁殖効率の増大や逃避効率の増大などの利点がある．群れのなかの個体に**順位制**がみられる生物種もある．群れのなかで順位の高い個体は，優先的に交尾できる，餌を食べられるなどのベネフィットが得られる．動物の群れのなかには，他の個体の世話をする個体がみられる場合がある．このような群れを社会性のある群れとよび，次の三つを満たす場合を**真性社会性**とよぶ．① 群れのなかに血縁関係のある異なる世代の個体が同居していること，② 繁殖する個体と繁殖しない個体がいること（それぞれ**生殖カースト**と**非生殖カースト**とよばれる），③ 同種の複数個体が協同して子を育てること，である．真性社会性の動物として，ハチやアリ，シロアリが知られている．アフリカに生息するハダカデバネズミは，真性社会性をもつ唯一の哺乳動物である．真性社会性の群れのなかで非生殖カーストの個体は，みずから繁殖活動を行わず，繁殖活動をする生殖カーストの個体の世話などの**利他的行動**を行う．一見，利他的行動を行う個体は，みずから繁殖活動を行う**利己的行動**の個体よりも適応度が低く，自然選択において集団から排除されるはずである．なぜ利他的行動が進化したのだろうか．その理由は，**包括適応度**（IF, inclusive fitness）という概念で説明できる．包括適応度は，

$$IF = 1 - c + rb \qquad (13・3)$$

と定義される．c は他の個体の世話をするために低下する適応度，b は世話をされた他の個体で増加する適応度，r は**血縁度**を示す．$rb > c$（$IF > 1$）が成立するときには，利他的行動が進化すると考えられる．血縁度 r は，二つの個体が遺伝子を共有する割合を示す．ヒトのような二倍体の生物の場合は，親子間や兄弟姉妹間では $r = 0.5$ になる．**半倍数性**によって性が決定されるハチやアリでは，雌は二倍体で，雄は一倍体である．このような生物種の姉妹間の血縁度 r は 0.75 になる．血縁度が高い相手の世話をするなら，みずから繁殖活動を行わなくても包括適応度が 1 よりも大きくなる（$IF > 1$）．半倍数性を示すハチやアリでは，**ワーカー**である非生殖カーストの個体はすべて雌であり，これらの生物種で真性社会性が進化してきたと考えられている．

　真性社会性よりもゆるやかな社会性をもつ動物種は多くみられる．たとえば鳥類では，親とともに子の世話をする**ヘルパー**がみられる種がある．ヘルパーとは，成鳥になっても巣立たなかった個体であり，巣に残って弟妹の世話をする．血縁度が 0.5 でも血縁関係の個体の適応度を上げる行動が進化してきたと考えられている．ヘルパーはイヌ科の種でもよくみられる．

13・5　生物群集と生物間の相互作用

生物群集は，ある一定地域に生息する個体群の集まりである．生物は，同種内の関係（**種内関係**）だけではなく，異種の生物とも多様な関係（**種間関係**）をもちながら生活している．生物間の関係は**相互作用**とよばれ，相互作用を示す2種の適応度の変化の違いにより，**競争**，**捕食・被食**，**寄生**，**共生**に分けられる．

a. 競　争　　競争は，餌やすみかなどの資源をめぐる個体間で起こり，**種内競争**でも**種間競争**でも，競合する個体の適応度が減少する．種間競争では，**ニッチ**という概念を考えるとわかりやすい．ニッチとは，ある生物種が必要とする資源の要素と生存可能な条件の組合わせである（図13・8）．他の生物種の影響がない場合のニッチを**基本ニッチ**とよぶ．自然界では他の種との相互作用があるため，基本ニッチ全体を利用できることはなく，その一部が利用される．それを**実現ニッチ**とよぶ．基本ニッチの重なりが小さい生物種間での競争は激しくないが，基本ニッチの重なりが大きい生物種間では，競争によりどちらかの種が絶滅する場合もある．ニッチが重なる生物種間での競争の結果，とる餌の大きさやすみかの場所が変わる場合がある．それぞれ**食いわけ**，**すみわけ**とよばれる．

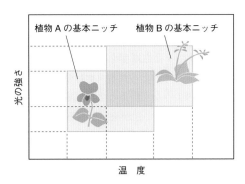

図13・8　ニッチを示す概念図　環境要因として，光の強さと温度を示している．生物種によって生育可能な範囲（基本ニッチ）が決まっており，重なり合うところでは種間競争が起こる．

b. 捕食・被食　　捕食・被食関係にある2種の個体数が時間とともに周期的に変動する場合があり，数理モデルで説明されている．被食者は，捕食者から逃れるための多様な**対捕食者戦略**をとる．ナナフシのように自分のまわりの環境にまぎ

れさせる**カモフラージュ**，捕食者に対する有毒物質を蓄積する植物や植物の有毒物質を摂取してみずから蓄積するオオカバマダラがもつ**化学的防御**，有毒物質をもつ生物種に擬態するベイツ型擬態（図13・4を参照）など，対捕食者戦略は多様である．捕食者も花に擬態して被食者をだますハナカマキリのように，捕食効率を上げるための多様な戦略を示す．捕食者と被食者は，たがいに戦略を進化させ，軍拡競争とよばれる**共進化**を示すことがある．生物群集内の捕食・被食関係のつながりを**食物連鎖**，全体をまとめたものを**食物網**とよぶ．

c. 寄 生　　寄生する生物種（寄生者）は，**宿主**のそばや宿主内に生息し，宿主から資源を奪う．寄生者には，**媒介者**（ベクターともいう）を経てから宿主に寄生するものもいる．たとえば，キタキツネに寄生するエキノコックスは，ネズミがベクターである．感染したネズミをキツネが捕食することで，エキノコックスは終宿主であるキツネに移動し，繁殖できる成虫になれる．ヒトがエキノコックスに感染した場合には，ヒトの体の中では成虫になれずに幼虫として増殖し続ける．寄生にはさまざまな様式がある．他のクモの巣に住みつくイソウロウグモ（労働寄生），他のアリの種の巣を乗っ取って他種のワーカーアリに世話をさせるサムライアリ（社会寄生），他の植物種に寄生するヤドリギやナンバンギセル（寄生植物），他の鳥にヒナの世話をさせるカッコウやコウウチョウなど（**托卵**）がある．病原性をもつ寄生者が宿主に対してつねに強い毒性を示すことが，寄生者にとって必ずしも高い適応度となるとは限らない．宿主が絶滅するとすみかを失い，寄生者みずからも絶滅してしまう可能性があるからである．病原性寄生者では，宿主間を媒介する方法によって宿主の致死率が変わることがある．宿主間の接触感染で広がる寄生者よりも，コレラのように水を媒介にして広範囲にすみかを広げられる寄生者のほうが，宿主の致死率が高い．

d. 共 生　　相互作用する2種の適応度が上がる関係を**相利共生**という．緑藻やシアノバクテリアが菌類の中に生育している共生体を，**地衣類**という．藻類から菌類には光合成産物，菌類から藻類にはすみかが提供され，共生することにより2種の適応度が上がる．ウシやヤギなどの反芻動物の消化管に生息して消化を助ける原生動物や，植物の根に感染し，植物から光合成産物を受取る代わりにリンなどの栄養塩を供給している**菌根菌**も，相利共生をする生物である．ランのなかには，栄養塩だけではなく水の獲得も菌に依存している種や，ツチアケビやマヤランのように，葉をもたず，炭素栄養も菌から獲得する種もみられる．後者の場合は，共生から寄生へと関係が変化しているといえる．

e. 植物による動物の利用　　動けない植物が動物の行動をうまく利用している

場合がある．植物種には，自分の花粉が他の個体のめしべに受粉される**他家受粉**が行われないと種子ができない**自家不和合性**を示すものがいる．そのような植物種は，花弁というディスプレイと蜜という報酬を用意してハナバチなどの**訪花昆虫**をよび，送粉してもらう．また，植物にとって，結実した種子が自身よりも遠い場所で定着することも重要である．自身の遺伝子が拡散し，自身と子孫の間の資源をめぐる競争も避けられるためである．そのため，種子のまわりに果肉を発達させた果実をつくり，鳥などに食べてもらい，より遠くに運んでもらう戦略をもつ植物種は多い．果実の色は，まわりの緑色の葉を背景にしても目立ちやすい赤色のものが多い．サクラは，葉柄に蜜腺（花外蜜腺）を発達させてアリを呼び寄せている．数多く集まるアリを，葉を食べる他の昆虫への防御に利用していると考えられている．

13・6　植生とバイオーム

　バイオーム（生物群系）とは，ある地域の植生とそこに生息する動物などを含めた生物のまとまりである．陸地では，緯度や大気循環，地形などによって，その場所の年平均気温と降水量が決まる．そして，おもに年平均気温と降水量の組合わせによって，バイオームが決まる．年平均気温が高い地域では，降水量が多ければ熱帯多雨林が成立し，降水量の減少にしたがって，雨緑樹林，サバナ，砂漠と成立するバイオームは変化する．年平均気温は緯度に対応して変化するため，バイオームも緯度に応じて水平方向に分布する．これを**水平分布**という．気温は標高にも応じて変化する．標高に応じたバイオームの分布を**垂直分布**という．

13・6・1　熱帯多雨林における生物多様性

　熱帯多雨林では，他のバイオームに比べて，植物をはじめ多様な生物種が共存している．熱帯多雨林でみられる高い**生物多様性**を説明する説はいくつかある．熱帯多雨林では気温が高いため，餌などの資源が豊富である．そのため，各生物種の実現ニッチが細かく分かれても生存でき，多くの種が共存できるという**ニッチ分割説**や，捕食者や環境要因によってある場所に生息する生物種の増殖が抑制され，その結果として種間競争が緩和されて多くの種が共存できるという**非平衡共存説**などが知られている．これらの説は，競争や捕食・被食という生物間の相互作用が共存する生物種の数に影響するという考えである．一方，生物間の相互作用とは関係な

く，島に生息する生物種の数が決まるという**種数平衡説**がある．この説に基づいて熱帯多雨林の植物種の多様性を説明している説もある．種数平衡説とは，大陸から島までの距離と島の面積により，島への生物種の移住率と島における生物種の絶滅率が決まり，これらの二つの率の組合わせで最終的に平衡となる種の数は決まるという説である（図13・9）．この説では，個々の生物種の特性や種間の相互作用を無視している．しかし，小笠原諸島の各島での種子植物の種の数など，この説に当てはまる観察例も多い．

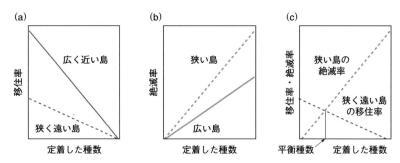

図13・9 種数平衡説 (a) 島への生物の移住率は，すでに定着している生物の種数が多いと低く，種数が少ないと高くなる．また大陸からの島までの距離と面積によって，移住率は変わる．(b) 島における絶滅率は，定着している種数が多いと大きい．島の面積が広いと環境収容力も大きいため，絶滅率が低くなる．(c) 島に生息する種数は，島への移住率と島における絶滅率が一致したときに平衡となる．

13・6・2 植 生 遷 移

バイオームでの植生はつねに一定ではない．台風や山火事，火山の噴火などの撹乱によって，植生は変化する．このようなある一定の場所でみられる植生の移り変わりを，**植生遷移**という．大規模な火山噴火のあとや，海洋からの隆起によって生じた陸地では，土壌に繁殖のもとになる種子や胞子，地下茎などが含まれず，植生遷移の進行は非常に時間がかかる．これを**一次遷移**という．山火事やヒトの開発したあとの場所では，土壌に繁殖のもとになる種子などが含まれるので，植生遷移の進行は速い．これを**二次遷移**とよぶ．植生遷移が進行してその場所での植生が安定した状態を，**極相**という．極相に達した森林は，**現存量**（面積当たりの生物量）が多いため二酸化炭素吸収量が多いイメージがあるが，極相の森林内の多くの樹木の成長速度は遅いので，光合成から植物の呼吸を引いた正味の二酸化炭素吸収量（**純生産量**）自体は高いわけではない．

13・7　生態系と生物多様性の保全

　生物は，まわりの生物と相互作用をしているだけではなく，光や水，大気などの**環境要因**からなる非生物的な環境からも影響を受けている．生物群集とまわりの非生物的環境をまとめたものを**生態系**とよぶ．生態系内では，捕食・被食関係を通した**生食連鎖**や，土壌微生物などの**分解者**による**腐食連鎖**などの生物の多様な活動を通して，炭素や窒素，リンなどの元素が循環する．たとえば**炭素循環**（図13・10）では，**生産者**である植物の光合成により大気中の二酸化炭素が吸収・固定され，有機物に変換される．固定された炭素の一部は，植物自身の呼吸，もしくは摂食により消費した動物（**消費者**）の呼吸などにより，再び大気中に二酸化炭素として戻さ

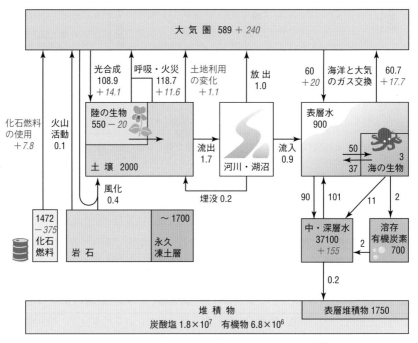

図13・10　地球生態系の炭素循環　数字は，炭素の蓄積量（単位は 10^{15} g）と移動量（矢印の数字，単位は 10^{15} g/年）を示す．赤色の数字は，産業革命以降の変化を示す．陸域生態系では，炭素は土壌有機物に多く含まれる．海洋などの水界生態系では，炭素の一部は溶存二酸化炭素や炭酸イオンなどの溶存無機炭素として存在しており，植物プランクトンに利用されている．［堆積物の値は，松本忠夫著，"生態と環境"，岩波書店（1993）に，他の値は IPCC，"The Physical Science Basis (2013)" に基づく．］

れる．このように，炭素は生態系内を循環する．炭素の循環に伴って，生態系内ではエネルギーも移動する．太陽の光エネルギーは，植物の光合成により化学エネルギーに変換される．化学エネルギーは，食物連鎖を通して有機物の移動とともに消費者や分解者に移動し，最終的には熱エネルギーとなって大気中に放出される．

　生態系内では，台風による倒木や山火事などの撹乱が起こっても，**自己調節機能**により元の生態系に戻る．ただし，撹乱が大きいと回復するまでに時間がかかり，焼畑などの人為的な撹乱は，自然撹乱と比べて，より回復に時間がかかる．規模の大きな人為的な撹乱として，産業革命以降の大気中の二酸化炭素濃度の上昇がある．地球の陸地の3割を占める森林の面積の減少や，石炭や石油などの化石燃料の使用により，大気二酸化炭素濃度が上昇している．二酸化炭素は赤外線を吸収し，地表や大気の温度を上昇させる**温室効果**をもつため，二酸化炭素の増加は気温の上昇（**温暖化**）をひき起こしている．局所的には，都市化によっても気温が上昇している．また，森林面積の減少は生物多様性も減少させる．生物種の多様性の高い植生のほうが，土壌の栄養塩を有効に利用できるために，土地面積当たりの光合成生産量が高いという報告もある．

　外来生物種の定着や拡大は，在来種の数の減少や生態系の変化をひき起こし，生物多様性を低下させることがある．在来種への影響が大きい外来種を**侵略的外来種**といい，日本への外来種としてオオクチバスやホテイアオイなどが知られている．生物多様性はヒトによる乱獲でも減少する．太平洋の北アメリカ沿岸に生息するラッコは，乱獲により個体数が一時減ったが，その後の保護により個体数が回復している．ラッコの生息する海域では，餌であるウニの増殖が抑えられ，ウニが消費するコンブなどの海藻が増えることにより，生物多様性が高くなることが知られている．ラッコのようにその地域の生物多様性に大きく影響している種を，**キーストーン種**といい，その保全は重要である．しかし，キーストーン種は，個体数が減少して大きな影響が現れてからわかる種である．そのため，食物連鎖の上位で広い生息面積を必要とする**アンブレラ種**を保全することが実践的であると考えられている．

バイオテクノロジーと生命倫理

▶ 行動目標
1. 細胞培養技術や生物個体形成の技術を説明できる.
2. 遺伝子組換え技術などによってつくられた植物を説明できる.
3. 遺伝子と人との関わりを倫理の視点から説明できる.
4. 人の尊厳や生命の大切さを説明できる.
5. 人と環境との関わりを説明できる.

　生物のさまざまな現象が,遺伝子や分子のレベルで理解できるようになった.この知識は,私たちの生活にもバイオテクノロジーとして活かされるようになってきた.そして,生活の豊かさや安全,健康や医療の面で,たいへん有益なものとなっている.しかし,その一方で,こうした科学技術の発展は,人はどう行動し,どうあるべきなのかという倫理的な点においても,重要な課題を与えるようになっている.

14・1　社会とバイオテクノロジー

　科学は,新たな真理を求めていく.一方,私たちは,おいしいものを求め,快適で安全な暮らしを求めて新しい技術を開発する.人は,昔から動植物と深く関わってきた.農耕や酪農によって,安全で安定した食の確保を目指してきた.保存した食物は,腐って食べられなくなる一方で,発酵食品やアルコール飲料といった食べ方を生み出してきた.発酵を利用した食品は,味噌や醤油,漬物や納豆,パン,ヨーグルトやチーズ,日本酒やワインなど,私たちの身近にきりがないほど多い.地域に特有の発酵食品も,世界各国のさまざまな地方でみられる.また,植物や動物は,衣料や住居などの生活を支える素材にも用いられ,漢方薬などの薬としても利用されてきた.近年,生物のしくみに関する理解が一段と進み,こうした生物利用は,衣食住や健康・医療,さらに環境修復など,ますます利用範囲が広がっている.

　生物のもつ機能を人の生活に利用しようとする技術はバイオテクノロジーと称される.農業,特に植物や光合成に関わるグリーンバイオテクノロジーや,生体分子の工業的応用技術であるホワイトバイオテクノロジー,医薬や医療関連分野のレッ

ドバイオテクノロジーのように，区別して表現されることもある．これらのバイオ
テクノロジーの進歩の背後には，遺伝情報やタンパク質などの解析のように，コン
ピューターを駆使した情報処理技術や通信技術の発展が大きく関わっていることも
忘れてはならない．

14・1・1　微生物や動植物，およびその細胞を利用する

バイオテクノロジー（表14・1）

　上に述べたように，微生物発酵を利用した伝統的な食品は，世界中でさかんにつ
くられてきた．それらの多くが，管理されたシステムのもとで増殖した微生物を利
用する食品産業へと目覚ましい発展を遂げている．また，グルタミン酸やリシンな
どのアミノ酸を大量生産する技術，あるいは，アルカロイドの一種で化粧品に添加

表14・1　生物個体や細胞を利用するバイオテクノロジーの例

生物群・生物学的技術		利用目的や具体例
(1) 社会で利用されている，あるいはその可能性として注目されている技術例		
微生物培養	石油分解菌 原生動物など 酵　母 微細藻類など	海洋における流出した石油の除去 活性汚泥法による工業廃水の浄化 B型肝炎ウイルスタンパクの部分タンパク質 バイオエネルギー生産やCO_2除去（開発段階）
植物組織培養	カルス培養など 茎頂培養	ムラサキ培養細胞からのシコニン生産 洋ラン，イチゴなどのメリクローン苗生産
植物個体を用いたバイオレメ ディエーション		土壌改善（重金属，塩分などの除去）
動物細胞培養		ウイルスワクチン，インターフェロン，モノクローナル抗体の生産
クローン動物	受精卵クローン 体細胞クローン	受精卵の細胞分裂時に分離．牛肉などの生産 成体の細胞核を別の除核未受精卵に移植して作製
不妊化虫放飼		地域生態系における有害昆虫の駆除（例: 沖縄のウリミバエ）
(2) 細胞培養の基礎，あるいは研究で用いられている技術		
遺伝子導入（ウイルス）		宿主生物への遺伝子導入系作製
遺伝子増幅（大腸菌ほか）		アグロバクテリウムによる植物の形質転換
細胞融合		B細胞とミエローマからハイブリドーマの作製（モノクローナル抗体の作製）
タンパク質発現		アフリカツメガエルの卵母細胞における翻訳過程

されるシコニンの植物カルス培養による生産技術など，有用物質や医薬品原料など
の生産にもさまざまな生物が用いられるようになっている．

　一方，船の座礁事故により石油が海洋へ流出したときなど，微生物を使って石油
を分解したり，工場の跡地の重金属の除去などの土壌を改善する目的で，植物を一
定期間植えたりすることも多くなっている（**バイオレメディエーション**）．鉱山な
どでは，微生物が重金属を溶かし出す**バイオリーチング**という技術も用いられてい
る（表14・1）．

　また，生物の生殖や繁殖の特徴を活かして**クローン生物**を作製する技術や，異な
る細胞どうしをつなげる**細胞融合**なども活用されている．これらの技術は，**細胞培
養技術**と合わせて用いられることも多い．たとえば，抗体産生能力をもつB細胞
と培養細胞として増殖能力をもつミエローマを細胞融合させることにより，**ハイブ
リドーマ**がつくられる．そのハイブリドーマを培養することにより，**モノクローナ
ル抗体**が生産される．

　生体組織から取出した動物細胞の継体培養は難しいことが多いが，植物では，単
離した1細胞あるいは細胞壁を除いたプロトプラストからでも細胞の培養が可能で
ある．寒天上であれば，細胞の塊である**カルス**を形成して増殖し，液体の培養液中
では，細胞塊の懸濁培養となる．植物細胞は，いずれの組織の細胞でも**全能性**，す
なわちすべての組織・器官を形成する能力をもっており，植物ホルモンを適切に用
いることにより分化を誘導し，植物個体をつくり出すことができる（第11章を参
照）．なお，表14・1中の**メリクローン**というのは，植物の茎の先端である茎頂分
裂組織を無菌的に採取して培養する技術である．

14・1・2　酵素などの生体分子を利用するバイオテクノロジー（表14・2）

　ビタミンや補酵素は，健康維持のサプリメントとして人々の関心が高く，生物か
ら取出したさまざまな化学物質も用いられている．しかし，本節では，生物のもつ
機能分子の利用や工業化に重点を置いて，生体分子を利用するバイオテクノロジー
を説明する．複雑な反応系をもつ細胞や生物個体と異なり，一つあるいは少数の過
程にしぼって取扱う技術である．たとえば**酵素**の利用では，**アミラーゼ**がデンプン
を分解することを利用し，あるいは，**プロテアーゼ**がタンパク質を分解することを
利用して，食品加工における食材の甘味づけや肉の柔軟化などが行われている．ま
た，**グルコースオキシダーゼ**がグルコースと反応して過酸化水素を発生することを
利用して，バイオセンサーの一つであるグルコースセンサーがつくられ，血中や尿
中のグルコース濃度測定による糖尿病の検査に利用されている．酵素はまた，光学

異性体を区別できることから，化学物質の効率のよい合成反応として利用するなど，その適用範囲はさらに広がると予想される.

　そのほか，**抗体**や**受容体**のリガンド結合における高い特異性を活かした利用の開発も進められている. なかでも，抗がん剤をがん細胞に選択的に輸送する**ドラッグデリバリーシステム**（**DDS**）への応用は，注目を集めている.

表 14・2　タンパク質などの**生体分子を利用するバイオテクノロジーの例**

生体分子ほか	利用目的や具体例
(1) 社会で利用されている，あるいはその可能性として注目されている技術例	
酵　素 　グルコースオキシダーゼ 　アミラーゼ，プロテアーゼなど	糖尿病診断 食品加工（糖化，肉の柔軟化など）
免疫抗体，受容体	薬物輸送システム（ドラッグデリバリーシステム，DDS）
低分子物質 　L-乳酸，ポリ乳酸（PLA）など	バイオプラスチック
(2) 研究中心に用いられている技術例	
緑色蛍光タンパク質（GFP）	がん細胞やタンパク質などの可視化
バイオインフォマティクス	創薬研究などへの応用

　また，バイオインフォマティクス（生物情報科学）という分野では，タンパク質の立体構造を画像化し，分子レベルでの理解を進めている. 病気に関わる分子が見いだされると，それに結合する化合物をコンピューター上で探して薬の候補を見つけようとする新しい創薬技術となっている.

　緑色蛍光タンパク質（**GFP**）は，がん細胞で発現させたり別のタンパク質との融合タンパク質として細胞内に発現させたりすることによって，特定の細胞やタンパク質を可視化できることから，生体内や細胞内での発現部位の同定に用いられている. この方法によりがん細胞の性質がわかるなど，病気のメカニズム解明に大きな力を発揮している.

　食や医療ばかりでなく，生活に用いられているプラスチックの廃棄問題をはじめとして，大気汚染や海洋汚染などの環境問題が表面化し，今日，その解決策が求められている. 生分解性バイオプラスチックやジェット燃料など，バイオテクノロジーによる工業生産技術の開発が急がれている.

14・1・3　遺伝子の改変が関わるバイオテクノロジー（表14・3）

　遺伝子操作が可能となって，改変生物やそれを用いた技術が，さまざまな産業や医療で利用されるようになってきた．ある生物に外来の遺伝子を導入する**遺伝子導入**（トランスジェニック），あるいは，生物によっては，たとえば塩基配列の相同性を利用して別のDNA断片を染色体に挿入する**相同組換え**の技術が開発されている．また，ある生物のもつ特定の遺伝子を破壊する（遺伝子破壊）ことも可能である．こうした遺伝子組換えの手法は，研究・技術開発により応用可能な生物の範囲が広がっている．このようにしてつくり出された形質転換生物は，**GMO**（gene modified organism）または改変生物**LMO**（living modified organism）とよばれる．

　トマトは収穫後，いたみやすい．そこで，日持ちをよくするために，細胞壁を溶かす酵素ポリガラクチュロナーゼのアンチセンス遺伝子が導入され，フレーバーセーバーと名付けられた遺伝子組換え体が米国で商業栽培されるようになった（1994年）．その後，殺虫効果をもつ遺伝子がトウモロコシに導入された．すなわち，昆虫病原菌である *Bacillus thuringiensis* の殺虫作用遺伝子をトウモロコシに導入して，害虫耐性のトウモロコシであるBTコーンがつくられたのである．また，除草剤をまいて他の雑草を枯らしても，その植物は生き残れるような除草剤耐性植物がダイズでつくられ栽培された．米国のような大規模農場では，雑草除去にたいへんな労力が必要である．そのため，除草剤を飛行機で散布して雑草除去ができれば，栽培労力が大幅に軽減されるのである．こうした形質転換（GM）ダイズやトウモロコシ（BTコーン）は，わが国でも農林水産省が安全性を確認し，輸入が認

表14・3　遺伝子解析や遺伝子組換えに関わるバイオテクノロジーの例

生物群・技術		利用目的や具体例
(1) 社会で利用されている，あるいはその可能性として注目されている技術例		
DNA鑑定		個人の特定（親子関係の有無，事件の犯人特定ほか）
遺伝子組換え	微生物 農産物	ヒトのインスリン，成長ホルモンなどの合成 日持ち延長（トマト），除草剤耐性（ダイズ），害虫耐性（トウモロコシ），ウイルス耐性（パパイヤ），ビタミンA含有（ゴールデンライス），青色花（バラ，カーネーション）
遺伝子治療薬		がん，アルツハイマーや血管再生治療など，核酸医薬
(2) 研究に用いられている技術例		
遺伝子組換え動物		ノックアウトマウス，ノックインマウスなど
ゲノム編集		部位特異的ヌクレアーゼを利用した標的遺伝子改変

められている．ほかに認められている作物は，セイヨウナタネ，ワタ，パパイヤ，アルファルファ，テンサイ，ジャガイモの合計8種である（2020年3月時点）．なお，あらゆる遺伝子組換え生物について，自然環境や生物多様性への悪影響を未然に防止するため，輸入，流通，栽培などがカルタヘナ法で規制されている．

　最近は，DNAの二重らせんを部位特異的に2本とも切断するヌクレアーゼを利用した**ゲノム編集**という手法が開発され，新たな遺伝子改変の技術として用いられている．

　このような遺伝子組換えや改変の技術は，技術の信頼性や安全性などの観点から社会が受入れるかどうかが課題である．一方，DNAの塩基配列を明らかにする遺伝子鑑定（DNA鑑定）は，事件の犯人の特定や親子関係の確認など社会生活のなかで利用されるようになっている．また，ヒトの遺伝子発現を抑えるような医薬品開発や遺伝子治療薬の開発もさかんに進められている．

　がんなどの病気に関わる遺伝子のGM実験モデル動物（マウスなど），あるいは，そのような遺伝子をゲノム編集で導入（ノックイン）した動物，さらには遺伝子破壊されたノックアウト動物などの利用が，研究を進めるうえで必須ともいえるほど重要な研究技術となっている．このような研究技術の発展により病気と遺伝子との関係がこれまで以上に明らかになってきている．

14・1・4　人とバイオテクノロジー（表14・4）

　すでに述べてきたように，生物学の進歩から，人の生命現象についても詳細に理解できるようになってきた．たとえば，感染症の場合は原因となる微生物感染のメカニズム，成人病の原因とその進行過程，公害のような有害物質の影響では健康を脅かすメカニズムなど，人の健康と病気に関わる理解が進んでいる．人は，体調が崩れれば医者にそれを伝えることができる．そのため，外からはわからない症状も見いだしやすい．また，健康診断や人間ドックにより，早期発見による症状変化を把握することも容易になってきた．病気の原因が少しでも見えてくると，同様の異常をモデル動物で再現し，分子レベルで研究することが可能となる．そのため，これまで治療できなかった病気に対しても，治療方法が見いだされるケースが多くなっている．治療方法は，安全性などの審査を行って承認されなければ実施できないが，認められれば新しい技術を臨床で活かそうとする動きは強い．画像によるイメージング技術や計測技術，放射線の利用などの周辺技術の発展と合わさって，先進的な医療技術の開発が進められている．

　最近，注目されているのは，**iPS細胞**（人工多能性幹細胞）を利用した**再生医療**

の発展である．iPS 細胞は，成熟した体細胞に複数の遺伝子を導入してつくられる多能性幹細胞である．そのため，必要とされる組織に分化させることが可能なのである．これまでの**臓器移植**では他人の臓器を移植するため，受入れた身体は免疫反応をひき起こし，受入れた臓器を排除しようとした．みずからの細胞に由来するものであれば，この免疫反応を回避することが可能と考えられている．また，倫理の面でも受入れられやすい．

　また，ある病気に対して，その進行に伴って増加するタンパク質などが見いだされると，病気の発症や進行状況を把握することができるようになる．こうした**バイオマーカー**を利用した診断技術の進歩も目覚ましい．

　とはいえ，生命は複雑である．理解が進めば進むほど，また新たに不明な点が見いだされる．ヒトという種全体に共通の生命現象のみならず，人種の違いや個人差を考慮した治療もすでに始まっている．**オーダーメイド医療**への展開である．しかし，その一方，個々人の遺伝子解析は，一人ひとりのもつ遺伝情報の違いが明らかになる．とりわけ，病気に関わる遺伝子をもっているかどうかなどの情報は，"人"の平等性や個人情報の管理など，社会の中で考えるべき問題として新たな課題となっている．

表 14・4　人や医療に関わるバイオテクノロジーの例

領域や技術例	具 体 例
発生・再生医学	iPS 細胞，多機能性幹細胞
分子イメージング	PET，CT，MRI，放射性医薬品，シンチグラフィー
遺伝子診断	DNA マイクロアレイ，DNA プローブ，次世代シークエンサー
診断技術	バイオマーカー（生物指標），新型ウイルスの感染（PCR 法）

14・2　生 命 倫 理

　医療が発展し，個々人の遺伝情報が DNA レベルで調べられるようになったことから，命の尊厳や人権，そして，家族や社会との関わりなどについて，どうあるべきかを考えなおす必要性が生じてきた．人の命に直接向き合う医療現場においては，患者や被験者の人権意識の高まりから医療行為に対する倫理が取上げられるようになってきた．その一方で，今や人類の活動は拡大して環境にまで影響を及ぼすようになっている．人間の活動が原因でひき起こされる地域での環境破壊は，多くの生物を絶滅あるいは絶滅危惧に追いやっている．生物の生存の場である環境は人

の生きる場でもある．そのため，環境保全が唱えられ，持続可能な社会が求められるようになった．こうした背景から，バイオテクノロジーと社会，環境との関わりを，それぞれの立場から考え行動するための規範として，**生命倫理**が確立してきた．ここでは，大きく二つの倫理，すなわち**医療倫理**と**環境倫理**に分けて説明する．

14・2・1 医 療 倫 理

　新しい医療技術が医療現場で普及してきたことから，死の定義や生殖に関わる課題が，以前にも増してクローズアップされるようになっている．その一つは，**臓器移植**である．臓器移植は，提供する人と受取る人がいて成立する．腎臓など，二つある臓器のうちの一つが生きている身内の人から提供されるケースもあるが，脳死状態に陥った人からの臓器提供は，提供者の脳死が判定されたのちに行われる．脳死は，医学的には死であるが，臓器は"生きた状態"である．その死が身近な人々にとって受入れられるかどうかは，心情の問題でもある．生前に示された当人の意思は重要な判断材料である．また別のケースだが，状況に応じて延命処置を施すかどうかの決定も課題となっている．このように医療の現場では，死の判定や個人の尊厳など，価値観や信条にも配慮した適切な判断が求められる．

　わが国では高齢者が増加し，"百歳まで生きる時代になる"といわれるようになってきた．高齢者の健康や病気に対して社会がどのように向き合うのか，とりわけアルツハイマー病やその他を原因とする認知症は，介護者にとって大きな負担となっている．また，高齢者の終末期医療もどのように考えたらいいのか，医療技術の発展が望まれる一方で，社会における難題も発生してきている．

　遺伝子診断もまた新たな課題となっている．被験者のDNAを調べることにより，特定の病気に関してその進行の様子を把握したり，投与しようとする薬との適合性を判断したりすることができるようになってきた．しかし，この情報は，当該被験者が知ることにより不安をひき起こすことにもなりかねない．また，病気に関わる遺伝子をもっているかどうかもわかると，医療行為のみならず，医療保険や生命保険という経済社会の視点からみた人の平等性にまで問題を投げかける．不妊治療の一つとしての第三者からの配偶子提供が行われることもあるが，親子関係を明らかにする遺伝子診断が容易になってきたため，配偶子の提供を拒むケースが増えてきたともいわれている．かつて，病気や身体不全の原因が解明されていなかった時代には優生保護法が成立し，差別や強制不妊処置という人権問題が生じ，社会問題となった．

　医学の知識が増し，医療技術が進歩すればするほど，新たな課題が顕在化してくる．"デザイナー・ベビー"という言葉まで社会で報じられるようになってきた．人はどこまでヒトの遺伝子を操作していいのだろうか．医療に関わる技術の進歩は正しい知識のもとで倫理を含めて議論していく必要があろう．

14・2・2　環境倫理

　医療倫理は，人の命の尊厳や人権を守るための医療行為に関わる規範という視点での生命の倫理，すなわち，一人ひとりの生命に主眼を置くものである．一方，人類の活動規模が地球生態系の自然浄化能力を超える大きさになり，地球上の全生物の生存までも脅かすほどになっている．人の活動の礎となる**環境倫理**といえよう．そのためにも生物学，とりわけ生態学を理解することが重要である．

　環境倫理として捉える最初の警鐘は，1962 年の，Rachel L. Carson による"沈黙の春"の発刊である．そこでは，DDT などの農薬の残留性や生態系への影響が，問題として取上げられた．わが国においては，鳥のトキが野生生物の絶滅例として象徴的である．乱獲と農薬の生物濃縮が絶滅の原因とされている．生態系への汚染が人への影響として現れたのが**公害**である．19 世紀後半の足尾鉱毒事件（渡良瀬川，河川への銅の流出が原因），20 世紀に入って，イタイイタイ病（神通川，カドミウム），水俣病（有機水銀）など，その後も含めて各地域で人の健康被害が報告され問題となった．また，四日市ぜんそくに代表される大気汚染や，環境ホルモンの一つであるダイオキシンなど，人への影響は，飲み水や食料による体内への蓄積から日常生活に支障が出るほどの被害となってきた．これらの公害に対しては，現在のわが国では法整備され，改善されているといえよう．しかし，開発途上の国々では，まだ公害の発生が報じられることがある．

　地域レベルの環境破壊は，管理できる方向に社会が動いているが，地球レベルでの環境破壊も大きな問題となっている．その一つが，北極や南極における**オゾンホール**で，冷蔵庫や冷房設備などに用いる冷媒のフロンが大気中に放出され上昇し，オゾン層において化学反応を起こしてオゾン量が減少したことによる．オゾン層が減少すると，紫外線が通過しやすくなり，太陽光から地上に到達する紫外線量が増すことから，皮膚がんの上昇が懸念された．原因が明らかになり，フロンの使用が抑えられるようになって，オゾンホールの拡大は食い止められている．

　さらに**地球温暖化**は，地球全体の問題である．二酸化炭素やメタンガスなどの**温室効果ガス**が赤外線を吸収するため，地球から放出される赤外線，すなわち熱線が宇宙へ放出されにくくなることから，地球上に熱が蓄積され，温暖化の原因とな

る．メタンは，シロアリやメタン細菌による自然界からの放出のほか，人間の食を支える家畜の腸内や有機の廃棄物からも放出される．また，大気中二酸化炭素濃度の上昇は，石油や石炭の消費による二酸化炭素の大気への放出による．人類の活動による森林破壊も進んでいるため，二酸化炭素の固定能力も低下している．すでに，海水温の上昇による台風の強大化や集中豪雨，熱波，あるいは干ばつやその激化による山火事の発生など，地球の温暖化とみられる気象現象が多発し，土砂崩れなどの大きな災害が頻繁に生じるようになってきた．人間活動に帰因しない地球自身の温暖化も否定はできないが，大気温の上昇，海水の酸性化，海水面の上昇など，地球温暖化を示す確かなデータが得られている．

　ヒトを含む生物にとって，生存環境は，気温がおおむね0～40℃の範囲であり，水が確保されていることが条件である．水界では，ごくわずかの水温の変化でも，生物群は変化する．生物圏にあっては，光合成生物が太陽エネルギーを得て増殖し，それから生じる食物連鎖が，エネルギー循環の基本システムである．人類は過去に蓄積された石油や石炭という化石燃料を消費して，その廃棄物である二酸化炭素を環境に放出している．いま，二酸化炭素の放出を抑えた新たなエネルギー循環技術の構築が求められている．そのために，グリーンバイオテクノロジーが貢献する可能性もあるだろう．

　環境倫理として，もう一つあげなければならないのが，**外来生物**の生態系への侵入・移入である．300万年前に，それまで南北独立に生態系が成立していたアメリカ大陸が，パナマで陸続きになるという事態が起こった（アメリカ大陸間大交差）．その結果，北アメリカの動物が南アメリカに移動し，南アメリカ大陸の生態系が混乱して，多くの動物が絶滅した．安定した生態系に他の生物が侵入してくることは，生態系の不安定化をもたらす．現代では，人が外来種を別の生態系に入れ込むことも多い．タンカーや貨物船が積み荷の重量バランスのために入れるバラスト水は，沿岸生態系の混乱をひき起こす原因となっている．飼いきれなくなったペットを野生に放つ人もいるが，この行為が生態系を乱す行為となっていることを知ることは大切である．最近ではまた，海のマイクロプラスチック汚染も問題となっている．環境倫理は経済活動を抑えるものと思われがちな面があるが，これからは，生態学の正しい知識に基づく社会システムの構築が望まれているといえよう．

索　　引

井上英史
いのうえひでし

1981年 東京大学薬学部 卒
1986年 東京大学大学院薬学系研究科博士課程 修了
現 東京薬科大学生命科学部 教授
専門 生化学, 分子生物学
薬学博士

都筑幹夫
つづきみきお

1975年 東京大学理学部 卒
1980年 東京大学大学院理学系研究科博士課程 修了
東京薬科大学名誉教授
専門 植物生理学
理学博士

第1版 第1刷 2020年3月23日 発行

基礎講義 生物学
―アクティブラーニングにも対応―

© 2020

編集者	井上英史
	都筑幹夫
発行者	住田六連

発 行 株式会社 東京化学同人
東京都文京区千石 3-36-7 (〒112-0011)
電話 03-3946-5311・FAX 03-3946-5317
URL: http://www.tkd-pbl.com/

印刷・製本 日本ハイコム株式会社

ISBN978-4-8079-0972-8
Printed in Japan